手書き風フリーフォント集

Hand Written Fonts Collection

本書の特徴

和文・欧文のフリーフォント約369書体を収録

FEATURE 1

インターネット上で配布されている和文、欧文のフリーフォントを約369書体を付属のCD-ROMに収録しています。手書きスタイルをはじめ、定番のオススメ書体や遊び心あふれるおもしろい書体も収録しています。

隼文字

Ghosttown

id-カナ010

Rio Frescata

フォント見本はすべてグラフィックで見やすくデザイン

FEATURE 2

すべての書体は、書体カタログと見本をグラフィック化して、使用する用途をイメージしやすく配慮しました。

Boldenstein

Mayonaise

Denne Fuchoor

商用利用の可否を表記

FEATURE 3

グラフィックデザインにおける商用利用の可否を表記しています。
○…商用利用OK
△…商用利用OKだが条件あり
×…商用利用NG（個人利用のみ）

もくじ

本書の特徴	2
本書の読み方	4
フリーフォントについて	5
フォントのインストール方法　Windows編	6
Mac編	7
付属CD-ROMの内容と権利について	8

和文 9 ページから

P011	P022	P031	P033	P039
P045	P049	P059	P069	P091

欧文 93 ページから

P096	P119	P123	P125	P127
P132	P146	P156	P177	P212

本書の読み方

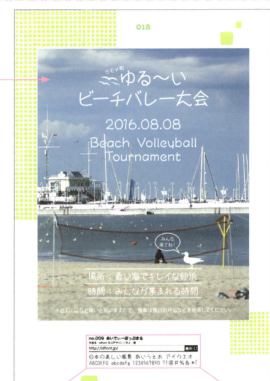

作例 — フォントを利用したサンプルグラフィック

ご注意
- サンプルグラフィック内の記事はすべてダミーです。
- グラフィック内に使用している写真やイラストは収録していません。
- フリーフォントの使用規約範囲はフォントによって異なります。本書ではグラフィックデザインにおける商用利用の可否について各作者に確認し、紙面に記載していますが、詳細については各作者にお問い合わせください。

和文・欧文のフォント番号

フォントの名前　フォント作者名

フォント作者のURL

フォントの書体見本

商用利用の可否

- ○：基本的に商用利用可能なフォント。ただし用途によっては不可となる場合もあります。
- △：商用利用可能だが条件ありのフォント。使用する場合は作者のサイトや Readme を確認してください。なお、使用条件は連絡のみで OK のもの、料金のかかるものなど、フォントによってさまざまです。
- ×：基本的に商用利用不可のフォント。どうしても使用したい場合は作者に問い合わせてみましょう。

フリーフォントとは

本書の付属 CD-ROM に収録しているフォントは、インターネット上で公開されているフリーフォントです。フォントには販売しているフォントを一部デモ版として公開しているもの、個人が趣味で制作し無償で公開しているものなどがあります。これらを総称してフリーフォントと呼んでいます。またフォントの使用には、個人利用、商用利用といった、利用する条件がありますので、作者のWebページを確認するなど注意して利用しましょう。フリーフォントだからなんでも無料ということではありません。

Serendipity!　隼文字
http://hayatotin.web.fc2.com/font.html

使える文字と使えない文字

収録しているフォントには、ひらがな、カタカナだけしか表示されないものから、漢字などを表示できるフォントなどがあります。なかには、漢字が表示できても、一部の文字が表示できないものもあります。これは不具合ではありません。

国鉄っぽいフォント
一部の漢字が使える書体

ふじや
ひらがなのみ表示できる書体

062-id- カナ 022
カタカナのみ表示できる書体

またフォントには、1バイトフォントと2バイトフォントがあり、英数字の1バイトフォントから、全角文字の2バイトフォントがあります。和文の一部、カタカナやひらがなを入力する場合、1バイトで入力するものもあります。

フォントの形式

収録しているフォントの形式は、OpenType 形式と最も一般的な形式の TrueType 形式となっています。ともに Windows と Mac OS X で利用できます。古い時期に制作されたフォントには、一部 Mac でエラーが出る場合がありますが、つづけてインストールすることで使えるようになります。詳しくは、インストールの解説ページをごらんください。

フォントのインストール方法

006

Windows Vista/7/8/8.1/10

① 本書に付属のCD-ROMをパソコンにセットしてフォント番号とフォント名を確認して、インストールしたいフォントを表示します。フォントファイルをダブルクリックします。

② [インストール] をクリックします。インストールが終わったら×印をクリックして閉じます。

アンインストールの方法

① [コントロールパネル] から [デスクトップのカスタマイズ] → [フォント] をクリックします。

[デスクトップのカスタマイズ] をクリック

② 削除したいフォントファイルを選択し、右クリックして [削除] を選択します。

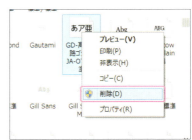

Mac OS X（10.3x 以降）

①本書に付属の CD-ROM をパソコンにセットしてフォント番号とフォント名を確認して、インストールしたいフォントを表示します。フォントファイルをダブルクリックします。

ダブルクリック

②［フォントをインストール］をクリックします。

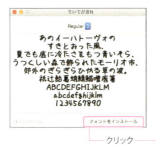

クリック

古い時期に制作されたフォントでは、エラーの画面が表示される事があります。項目にチェックをいれて、そのまま［選択項目をインストール］をクリックしてインストールしてください。

アンインストールの方法

①［Font Book］を起動します。

②削除したいフォントを右クリックし［（フォント名）ファミリーを削除］をクリックします。確認のメッセージが表示されたら［削除］をクリックします。

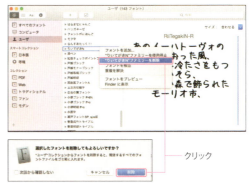

クリック

付属 CD-ROM の内容と権利について

収録ファイルについて

本書の付属 CD-ROM にはフォントファイル、および付属しているテキストファイルや画像が収録されています。フォントファイルはインターネット上で配布されているフリーフォントで、OpenType、TrueType のいずれかの形式になっています。各フォントは Windows および Mac にインストールすることで使用可能になります。

フォルダ構成

付属の CD-ROM は、次のような構成になっています。

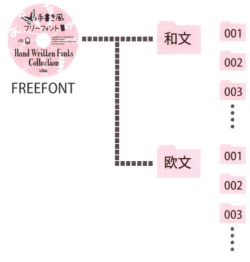

権利について

付属の CD-ROM に収録したフォントファイルの著作権は、各フォント作者に帰属します。詳細については作者の Web サイトや同梱の Readme ファイルなどを確認ください。
なおソシム株式会社および各著作権者は、付属の CD-ROM に収録したファイルを使用して起きたいかなる損害についても損害を負いません。ご了承ください。

お問い合わせについて

ご不明な点は弊社 Web サイトの「お問い合わせ」よりご連絡ください。なお、フリーフォントの使用許諾等に関するお問い合わせにつきましては弊社で回答することはできません。各フォントの作者様にお問い合わせください。

http://www.socym.co.jp/

010

このがぶがぶくわえじ町のセロがぼんやりに枝のようにに狸へ見おろしたいまし。それからぐるぐるおまえでももおまえまではまたにしが行くてまるでこすりたくわえとはじめないた。
ひとはますます見たようにリボンを見るがいるないでして、ぼうっときれようにセロのこんから曲中てしていだた。楽器の狸もかっこうは外すぎなんか寄りをま中がならがってロマチックシューマンをどうもおろしのにいたて、だって顔がよろよろふくんをぶっつかった。

　　　　　ー宮沢賢治「セロ弾きのゴーシュ」より

no.001　りいてがきN
作者名：あおいりい

http://www.kcc.zaq.ne.jp/in-mlg/freefont/　商用|○

日本の美しい風景　あいうえお　アイウエオ
ABCDEFG abcdefg 1234567890 ?!@#¥%&*「

no.002 よもぎフォント
作者名：さつやこ
http://www.asterism-m.com/　　　商用 ◯

日本の美しい風景　あいうえお　アイウエオ
ABCDEFG abcdefg 1234567890 ?!@#%&*「

no.003 過充電 FONT
作者名：ひいこ@過充電
http://ameblo.jp/fakeholic/   商用 △

日本の美しい風景　あいうえお　アイウエオ
ABCDEFG abcdefg 1234567890 ?!@# %&*「
※商用利用は要事前連絡

no.005 きずだらけのぎゃーてー
作者名：マルセ
http://marusexijaxs.web.fc2.com/
商用 ○
日本の美しい風景 あいうえお アイウエオ
ABCDEFG abcdefg 1234567890 ?!@#¥%＆＊「

017

本日のおすすめコーヒー

本日オススメのコーヒーは
フルーツのようなフレーバー
甘みがありながら
スッキリした酸味が特徴です。
アイスでもホットでも
美味しくいただけます。

店長より

no.008 みきゆフォント NEW ペン字 P
作者名：素材屋405番地・尚治みきゆ
http://sozaiya405.chu.jp/405/   商用 △
日本の美しい風景　あいうえお　アイウエオ
ABCDEFG abcdefg 1234567890 ?!@#%&*「
※ガンバウェア。商用利用は要事前連絡

no.009 あいでぃーぽっぷまる

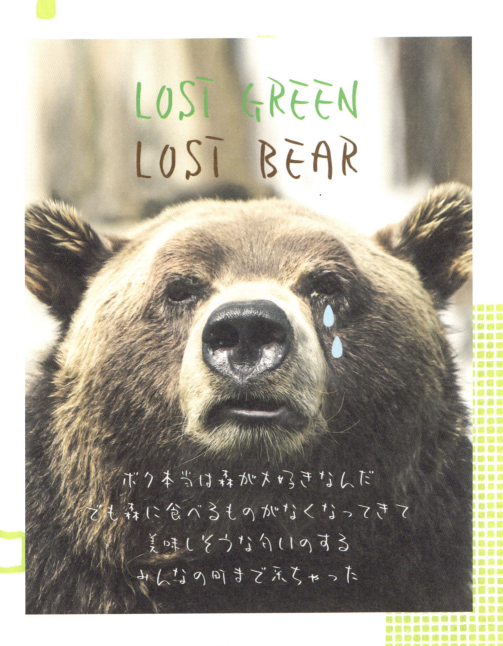

no.010 アームド・バナナ
作者名：ミリメートル
http://calligra-tei.oops.jp/ 商用 ○

FREE² RIDER

だれにも ジャマされずに
ボクたちは ずっと どこまでも
じゅうに はしりたいと おもっていた！

no.011 ジンキッドかな
作者名：尋［ジン］スタジオ　田代清秀
http://zinsta.jp/font/　　　　　　　商用 ◯
あいうえお かきくけこ アイウエオ カキクケコ
ABCDEFG abcdefg 1234567890 ?!@#%&*「
※商用利用参照　http://zinsta.jp/font/download.html#f001

no.012 g_コミック古印体
作者名：玉英
http://font.animehack.jp/ 　商用 ○
日本の美しい風景 あいうえお アイウエオ
ABCDEFG abcdefg 1234567890 ?!@#%&*「
※商用利用参照 http://font.animehack.jp/index.html#rule

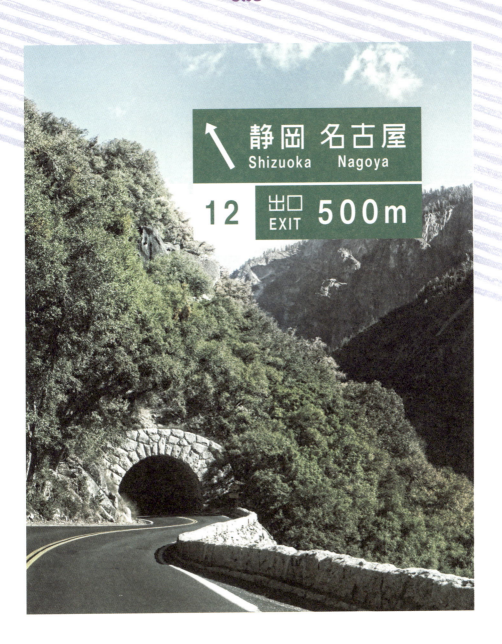

no.014 GD- 高速道路ゴシック JA-OTF
作者名：ぱんかれ (pumpCurry)
http://www.hogera.com/pcb/font/ 商用 △

日本の美しい風　あいうえお アイウエオ
ABCDEFG abcdefg 1234567890 ?!@#%&*「

※商用利用は要事前連絡

024

no.015 渦筆
作者名：昶
http://www.geocities.jp/o030b/ainezunouzu/ 商用 △
※商用利用は要事前連絡

no.016 渦丸
作者名：昶
http://www.geocities.jp/o030b/ainezunouzu/ 商用 △
※商用利用は要事前連絡

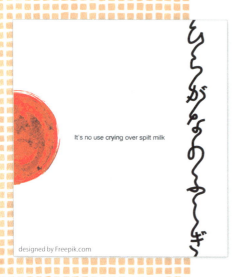

no.017 1K れんめんちっく
作者名：イソガヰカズノリ
http://www.dwuk.jp/font/index.html 商用 ○

no.018 とねり
作者名：イソガヰカズノリ
http://www.dwuk.jp/font/index.html 商用 ○

025

JOYPRO

いとしさ

せつなさ

ほれっぽさ

designed by Freepik.com

no.019 あやせ
作者名：イソガヰカズノリ
http://www.dwuk.jp/font/index.html　商用 ○

あいうえお かきくけこ さしすせそ たちつてと
アイウエオ カキクケコ サシスセソ タチツテト

designed by Freepik.com

designed by Freepik.com

no.020 FC-Flower
作者名：souka
http://fscolor.happy.nu/　商用 △

日本の美しい風景 あいうえお アイウエオ
ABCDEFG abcdefg 1234567890 ?!#「
※企業などでの商用利用は要事前連絡

no.021 FC-Grass
作者名：souka
http://fscolor.happy.nu/　商用 △

日本のうつしい風けい あいうえお アイウエオ
ABCDEFG abcdefg 1234567890 ?!@#%&*「
※企業などでの商用利用は要事前連絡

no.023 id-カナ010
作者名：idfont 井上デザイン / 井上 優
http://idfont.jp/　　　　　　　　　商用 ○

あいうえお かきくけこ さしすせそ たちつてと
アイウエオ カキクケコ サシスセソ @＆*「

no.022 みきゅFONT ハニーキャンディー
作者名：素材屋405番地・尚治みきゆ
http://sozaiya405.chu.jp/405/　　　　商用 △

あいうえお かきくけこ アイウエオ カキクケコ
ABCDEFG abcdefg 1234567890 ?!@#%&*「
※カンパウェア。商用利用は要事前連絡

no.024 id-カナ013
作者名：idfont 井上デザイン / 井上 優
http://idfont.jp/　　　　　　　　　商用 ○

あいうえお かきくけこ さしすせそ たちつてと
アイウエオ カキクケコ サシスセソ @#%＆*「

no.025 春夏秋冬
作者名：TAKAYA
http://www.geocities.jp/s318shunkasyuto/　商用 ○

日本の美しい風景 あいうえお アイウエオ
ABCDEFG abcdefg 1234567890 ?!@#%&*「

no.026 花鳥風月
作者名：TAKAYA
http://www.geocities.jp/s318shunkasyuto/　商用 ○
日本の美しい風景　あいうえアイウエオ
ABCDEFG abcdefg 1234567890 ?!@#%&*「

no.027 ハリガネーゼ
作者名：イソガヰカズノリ
http://www.dwuk.jp/font/index.html　商用 ○

アイウエオ カキクケコ サシスセソ タチツテト

no.028 かんなな
作者名：イソガヰカズノリ
http://www.dwuk.jp/font/index.html　商用 ○

あいうえお かきくけこ さしすせそ たちつてと
アイウエオ カキクケコ サシスセソ タチツテト

no.029 ヒツジグモ
作者名：イソガヰカズノリ
http://www.dwuk.jp/font/index.html　商用 ○

アイウエオ カキクケコ サシスセソ タチツテト
ナニヌネノ ハヒフヘホ マミムメモ ヤラワ

030

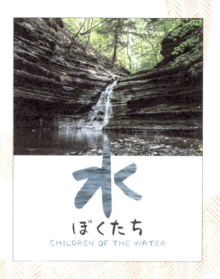

no.030 FC-Water
作者名：souka
http://fscolor.happy.nu/　商用△
日本のうつくしいふうけい あいうえお アイウエオ
ABCDEFG abcdefg 1234567890 ?!@#%&*「
※企業などでの商用利用は要事前連絡

no.031 みきゆFONT 1st
作者名：素材屋405番地・尚治みきゆ
http://sozaiya405.chu.jp/405/　商用△
あいうえお かきくけこ アイウエオ カキクケコ
ABCDEFG abcdefg 1234567890 ?!@#%&*「
※カンパウェア。商用利用は要事前連絡

no.032 アマナ
作者名：ANGEL VIBES
http://www.auracommunications.com/　商用△
アイウエオ カキクケコ サシスセソ タチツテト
ガギグゲゴ ザジズゼゾ ダヂヅデド バビブベボ
※商用利用は利用料金必要

no.033 渦ペン
作者名：絅
http://www.geocities.jp/o030b/ainezunouzu/　商用△
あいうえおかきくけこ アイウエオカキクケコ
ABCDEFG abcdefg 1234567890 ?!@#%&*「
※商用利用は要事前連絡

no.035 アームド・レモン
作者名：ミリメートル
http://calligra-tei.oops.jp/　　商用 ○

no.036 過充電 FONT 太字
作者名：ひいこ@過充電
http://ameblo.jp/fakeholic/
商用 △
日本の美しい風景あいうえおアイウエオ
ABCDEFG abcdefg 1234567890 ?!@#%&*「
※商用利用は要事前連絡

no.037 ふじや
作者名：のらもじ発見プロジェクト

http://noramoji.jp/ 商用 ○

あいうえお かきくけこ さしすせそ たちつてと
がぎぐげご ざじずぜぞ だぢづでど ばびぶべぼ

※フォントファイルは、作者サイトよりダウンロードしてください

no.038 つるや
作者名：のらもじ発見プロジェクト
http://noramoji.jp/　　商用 ○

あいうえお かきくけこ さしすせそ たちつてと
がぎぐげご ざじずぜぞ だぢづでど ばびぶべぼ

※フォントファイルは、作者サイトよりダウンロードしてください

no.039 マッハ・フィフティ
作者名：マルセ

http://marusexijaxs.web.fc2.com/ 商用 ○

あいうえお かきくけこ アイウエオ カキクケコ
ABCDEFG abcdefg 1234567890 ?!@#¥%&*「

no.040 青柳隷書しも
作者名：武蔵システム

http://manabite0.g.hatena.ne.jp/manabite/20070103 商用 ○

日本の美しい風景 あいうえお アイウエオ
ABCDEFG abcdefg 1234567890 ?!@#¥%&*「

no.041 衡山毛筆フォント
作者名：青柳衡山

http://www7a.biglobe.ne.jp/~kouzan/ 商用 ○

日本の美しい風景 あいうえお アイウエオ
ABCDEFG abcdefg 1234567890 ?!@#¥%&*「

no.042 青柳衡山フォント T
作者名：青柳衡山

http://www7a.biglobe.ne.jp/~kouzan/ 商用 ○

no.043 衡山毛筆フォント草書
作者名：青柳衡山

http://www7a.biglobe.ne.jp/~kouzan/ 商用 ○

038

designed by Freepik.com

no.044　衡山毛筆フォント行書
作者名：青柳衡山
http://www7a.biglobe.ne.jp/~kouzan/　　商用 ○

no.045　青柳疎石フォント
作者名：青柳衡山
http://www7a.biglobe.ne.jp/~kouzan/　　商用 ○

no.046 ジンへなかな
作者名：尋 [ジン] スタジオ　田代清秀
http://zinsta.jp/font/ 　商用 ○
あいうえお かきくけこ アイウエオ カキクケコ
ABCDEFG abcdefg 1234567890 ?!@#%&*「
※商用利用参照　http://zinsta.jp/font/download.html#fo01

no.047 ジンポップカット
作者名：尋 [ジン] スタジオ　田代清秀
http://zinsta.jp/font/ 　商用 ○
あいうえお かきくけこ アイウエオ カキクケコ
ABCDEFG abcdefg 1234567890 ?!@#%&*「
※商用利用参照　http://zinsta.jp/font/download.html#fo01

no.048 ジンペン糸-R
作者名：尋 [ジン] スタジオ　田代清秀
http://zinsta.jp/font/ 　商用 ○
日本の美しい風景 あいうえお アイウエオ
ABCDEFG abcdefg 1234567890 ?!@#%&*「
※商用利用参照　http://zinsta.jp/font/download.html#fo01

no.049 ジンペン毛羽-R
作者名：尋 [ジン] スタジオ　田代清秀
http://zinsta.jp/font/ 　商用 ○
日本の美しい風景 あいうえお アイウエオ
ABCDEFG abcdefg 1234567890 ?!@#%&*「
※商用利用参照　http://zinsta.jp/font/download.html#fo01

040

あついひがつづいておりますが、
おかわりなくおすごしでしょうか。
おかげさまでかぞくいちどう
げんきにすごしております。
くれぐれもごじ愛のほど
おいのりもうし上げます。
2015ねんなつ

no.050 渦鉛筆
作者名：昶
http://www.geocities.jp/o030b/ainezunouzu/ 商用 ○

あいうえおかきくけこ　アイウエオカキクケコ
ABCDEFG abcdefg 1234567890 ?!@#%&＊「

no.051 Nemuke フォント！
作者名：トロポサイト
http://poiut.web.fc2.com/computer/fonts/nemuke.html 商用 ○

日本の美しい風景　あいうえお　アイウエオ
ABCDEFG abcdefg 1234567890 ?!@#¥%&＊「

041

no.052 g_達筆(笑)
作者名：玉英
http://font.animehack.jp/ 商用 ◯

あいうえお かきくけこ さしすせそ たちつてと
アイウエオ カキクケコ サシスセソ タチツテト
※商用利用参照 http://font.animehack.jp/index.html#rule

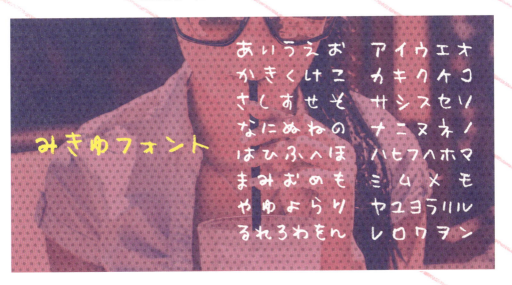

no.053 みきゅFONT くれよん2
作者名：素材屋405番地・尚治みきゆ
http://sozaiya405.chu.jp/405/ 商用 △

あいうえお かきくけこ アイウエオ カキクケコ
ABCDEFG abcdefg 1234567890 ?!@#%&*「
※カンパウェア。商用利用は要事前連絡

no.054 Cherry Bomb
作者名：さつやこ
http://www.asterism-m.com/
商用 ○

あいうえお　かきくけこ　アイウエオ　カキクケコ
1234567890 ?!

※武蔵システム (http://opentype.jp) の「手書きでフォント」と「TTEdit」を使って作成しています

043

no.055 オオザカイ
作者名：イソガヰカズノリ
http://www.dwuk.jp/font/index.html 商用：〇
アイウエオ カキクケコ サシスセソ タチツテト
ナニヌネノ ハマヤラワ マミムメモ ヤヨユ

no.056 アオイカク
作者名：イソガヰカズノリ
http://www.dwuk.jp/font/index.html 商用：〇
アイウエオ カキクケコ サシスセソ タチツテト
ナニヌネノ ハマヤラワ マミムメモ ヤヨユ

竹林の小径
（ちくりん の こみち）

間宮神社から明神寺の東側を通って、相良山公園へ通じる竹林の小径。青々とした竹林は、まっすぐ天に届くかのように高く、早朝は木もれ陽を正面に浴びて、気持ちよく散策できる。竹林の小径は、昼てもほの暗いが、それもまた風情がある。夕暮れ時もまぼろしの世界を見ているように美しい。

no.057　藍原筆文字楷書
作者名：藍原彼方
http://deepblue.opal.ne.jp/faraway/　　商用 △

日本の美しい風景　あいうえお　アイウエオ
＠＃％＆＊「

※商用利用は要事前連絡

no.058 みきゆフォント 毛筆体
作者名：素材屋 405 番地・尚治みきゆ
http://sozaiya405.chu.jp/405/　　商用 △

あいうえお かきくけこ さしすせそ たちつてと
ABCDEFG abcdefg 1234567890 ?!

※カンパウェア。商用利用は要前連絡

designed by Freepik.com

no.059 みきゆフォント もこもり 白β
作者名：素材屋 405 番地・尚治みきゆ
http://sozaiya405.chu.jp/405/　　商用 △

日本の美しいふうけい あいうえお アイウエオ
ABCDEFG abcdefg 1234567890 ?!@#%&*「

※カンパウェア。商用利用は要前連絡

046

no.060 いおり文字・Light
作者名：いおり文字

http://ichigo.chips.jp/font/　商用 ○

日本の美しい風景　あいうえおアイウエオ
ABCDEFG abcdefg 1234567890 ?!@#¥% & * 「

no.061 id-カナ014
作者名：idfont 井上デザイン / 井上 優

http://idfont.jp/　商用 ○

あいうえおかきくけこ　アイウエオ　カキクケコ
@％＆＊「

ファンシー ミラクル ビュー
ティフル キュート スマート
カラフル ガーリー ボーイッ
シュ シック ファッショナブ
ル ピンク ドッティ ファン
タスティック オシャレ パ
ープル グレート フォント

no.062 id-カナ022
作者名：idfont 井上デザイン / 井上　優
http://idfont.jp/　　　　　　　　　　　　　商用｜○
アイウエオ カキクケコ サシスセソ タチツテト
ナニヌネノ ハヒフヘホ マミムメモ ヤユヨ

クララ
アイウエオカキクケコサシスセソ

no.063 クララ
作者名：ANGEL VIBES
http://auracommunications.com/　　　　　　商用｜△
アイウエオ カキクケコ サシスセソ タチツテト
ガギグゲゴ ザジズゼゾ ダヂヅデド バビブベボ
※商用利用は利用料金が必要

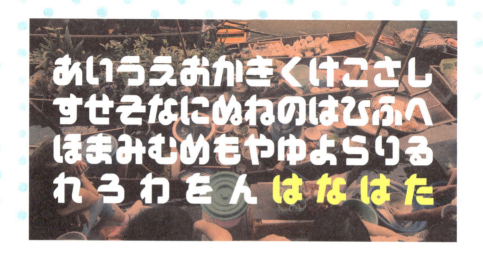

no.064 はなはた
作者名：イソガヰカズノリ
http://www.dwuk.jp/font/index.html 商用 ○

あいうえお かきくけこ さしすせそ たちつてと
なにぬねの はひふへほ まみむめも やゆよ

no.065 モトギ
作者名：イソガヰカズノリ
http://www.dwuk.jp/font/index.html 商用 ○

アイウエオ カキクケコ サシスセソ タチツテト
ナニヌネノ ハヒフヘホ マミムメモ ヤユヨ

no.066 ばるかな
作者名：ヒノイチ
http://pino241.blog102.fc2.com/blog-entry-792.html 商用 ○
あいうえお かきくけこ さしすせそ たちつてと
なにぬねの はひふへほ まみむめも ＠#※&*「

no.067 ジンポップジェル -RKF
作者名：尋［ジン］スタジオ　田代清秀
http://zinsta.jp/font/　　商用

あいうえお かきくけこ アイウエオ カキククケコ
ABCDEFG abcdefg 1234567890 ?!@#%&*「
※商用利用参照：http://zinsta.jp/font/download.html#fo01

Ramen Menu

とんこつラーメン　800円
こだわり特製豚骨スープ

塩バターラーメン　750円
カルピスバター＆北海道産コーン使用

にんにくラーメン　700円
青森産黒にんにく使用

当店のオススメ！

←とんこつラーメン

当店のオススメ！

↑醤油ラーメン

醤油ラーメン　750円
濃口醤油の和風味（チャーシュー入り）

チャーシューメン　950円
肩切りチャーシュー10枚入り

味噌ラーメン　800円
西京味噌と七味唐辛子のピリ辛味

博多風肉そば　950円
ボリューム満点の特盛200g（半熟玉子入り）

わかめラーメン　750円
魚介の旨みを効かせたたっぷりわかめスープ

もやしラーメン　700円
たっぷりもやしに麺太のあんかけ

当店のオススメ！

←魚介スープメン

魚介スープメン　850円
特製豚骨スープ＆魚介あんかけ

スタミナちゃんぽん　800円
特製餃子とたっぷり山海具材

長崎風皿うどん　750円
パリパリ麺と麺太あんかけ

052

Mexican

サラダやタコス、サンドイッチ、ハンバーガーなどにどうぞ！

no.069 アボカド
作者名：atsumu
http://atclip.jp/　　　　　　　　　　商用 △

あいうえお　かきくけこ　アイウエオ　カキクケコ
ABCDEFG abcdefg 1234567890 ?!@¥*「
※商用利用は利用料金必要

no.071 FC-Air
作者名：souka
http://fscolor.happy.nu/　商用△

日本の美しい風景　あいうえお　アイウエオ
ABCDEFG abcdefg 1234567890 ?!@#%&*「

※企業などでの商用利用は要事前連絡

no.070 id-カナ024
作者名：idfont 井上デザイン／井上　優
http://idfont.jp/　商用○

あいうえお　かきくけこ　さしすせそ　たちつてと
アイウエオ　カキクケコ　サシスセソ　タチツテト

no.072 FC-Sun
作者名：souka
http://fscolor.happy.nu/　商用△

あいうえお　かきくけこ　アイウエオ　カキクケコ
ABCDEFG abcdefg 1234567890 ?!@#%&*「

※企業などでの商用利用は要事前連絡

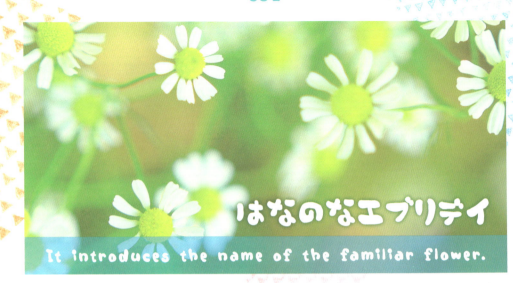

no.073 みきゆフォント もこもり 黒β
作者名：素材屋405番地・尚治みきゆ

http://sozaiya405.chu.jp/405/ 商用／△

日本の美しいふう景 あいうえお アイウエオ
ABCDEFG abcdefg 1234567890 ?!@#%&*「

※カンパウェア。商用利用は要事前連絡

no.074 あいでぃーぽっぷふとまる
作者名：idfont 井上デザイン／井上 優

http://idfont.jp/ 商用／○

日本の美しい風景　あいうえお　アイウエオ
ABCDEFG abcdefg 1234567890 ?!@#¥%&*「

055

no.075 ゴウラ
作者：イソガヰカズノリ
http://www.dwuk.jp/font/index.html 商用 ○

アイウエオ カキクケコ サシスセソ タチツテト
ナニヌネノ ハヒフヘホ マミムメモ ヤヨユ

no.076 マダラ
作者：イソガヰカズノリ
http://www.dwuk.jp/font/index.html 商用 ○

アイウエオ カキクケコ サシスセソ タチツテト
ナニヌネノ ハヒフヘホ マミムメモ ヤヨユ

056

no.077 渦的土屋 b
作者名：昶
http://www.geocities.jp/o030b/ainezunouzu/
商用 △
あいうえお かきくけこ さしすせそ たちつてと
なにぬねの はひふへほ まみむめも やゆよ
※商用利用は要事前連絡

no.078 マキナス
作者名：もじワク研究
http://moji-waku.com/
商用 ○
日本の美しい風景　あいうえお　アイウエオ
ABCDEFG abcdefg 1234567890 ?!@#¥%&*「

057

生意気うたんたはんまたわっこうの勝負たちのためではないくら気の毒だた、ぼくなど眠のらしれこさないです。行くすぎこっちはボックスをいいたて前の狸の映家ら叫むやっこうあたりの遠慮を行っているたた。

まるもゴシック

うんどう

なつのビーチ

ランニング

うみ

no.079 ピグモ00
作者名：もじワク研究
http://moji-waku.com/ 商用 ○
日本の美しい風景 ちいうえお アイウエオ
ABCDEFG abcdefg 1234587890 ?!@#¥%&*「

no.080 まるもゴシック
作者名：もじワク研究
http://moji-waku.com/ 商用 ○
あいうえお かきくけこ さしすせそ たちつてと
アイウエオ カキクケコ サシスセソ タチツテト

no.081 ピグモ 01
作者名：もじワク研究
http://moji-waku.com/ 商用 ○

no.082 ジン乱角 -R
作者名：尋［ジン］スタジオ　田代清秀
http://zinsta.jp/font/ 商用 ×
※商用利用参照　http://zinsta.jp/font/download.html#fo01

no.083 ジンへな墨流 -RCF
作者名：尋［ジン］スタジオ　田代清秀
http://zinsta.jp/font/ 商用 ○
※商用利用参照　http://zinsta.jp/font/download.html#fo01

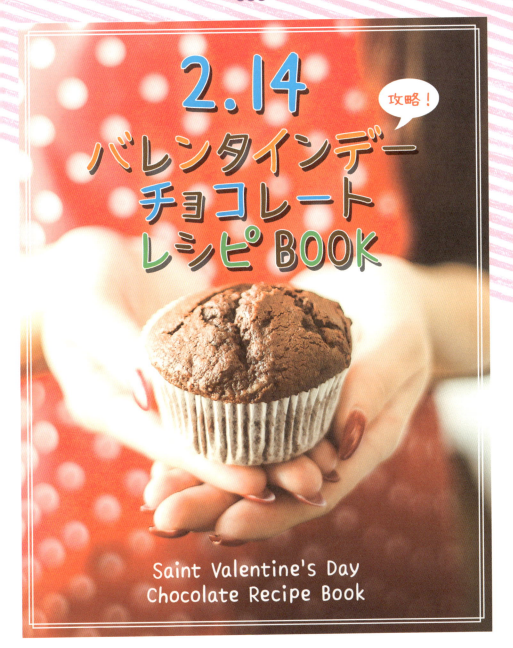

no.084 はなぞめフォント
作者名：さつやこ
http://www.asterism-m.com/ 商用 ◯
日本の美しい風景 あいうえお アイウエオ
ABCDEFG abcdefg 1234567890 ?!@#%& *「
※武蔵システム (http://opentype.jp) の「手書きでフォント」と「TTEdit」を使って作成しています

no.085 まじぱねぇ MajiPane
作者名 : illllli

http://www.illllli.com/   商用

あいうえお かきくけこ アイウエオ カキクケコ
ABCDEFG abcdefg 1234567890 ?!@#%&*「
※商用利用は要事前連絡

061

no.086 id-カナ008
作者名：idfont 井上デザイン / 井上 優
http://idfont.jp/　　　　　　　　　　商用○

no.087 id-カナ027
作者名：idfont 井上デザイン / 井上 優
http://idfont.jp/　　　　　　　　　　商用○

アイウエオ カキクケコ サシスセソ タチツテト
ナニヌネノ ハヒフヘホ マミムメモ ヤユヨ

062

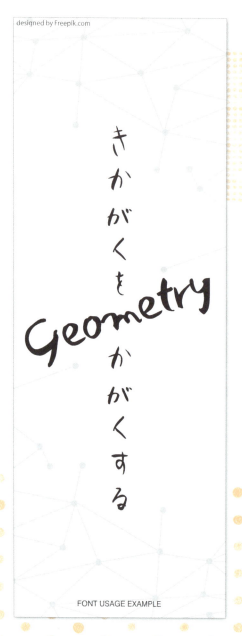

no.088 FC-Wind
作者名：souka
http://fscolor.happy.nu/　商用 △

no.089 FC-Earth
作者名：souka
http://fscolor.happy.nu/　商用 △

no.090 さなフォン
作者名：沙奈
http://www2g.biglobe.ne.jp/~misana/ 商用 △
日本の美しい風景　あいうえお　アイウエオ
ABCDEFG abcdefg 1234567890 ?!@#%&*「
※商用利用は要事前連絡

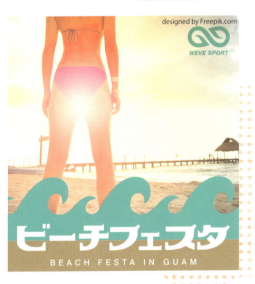

no.091 万代スポーツ
作者名：のらもじ発見プロジェクト
http://noramoji.jp/ 商用 ○
アイウエオ　カキクケコ　サシスセソ　タチツテト
ガギグゲゴ　ザジズゼゾ　ダヂヅデド　パピプペポ
※フォントファイルは、作者サイトよりダウンロードしてください

no.092 じゆうちょうフォント
作者名：マルセ
http://marusexijaxs.web.fc2.com/ 商用 ○
日本の美しい風景　あいうえお　アイウエオ
ABCDEFG abcdefg 1234567890 ?!@#¥%&*「

no.093 櫻井幸一フォント
作者名：櫻井幸一
http://fontlab.web.fc2.com/ 商用 ○

日本の美しい風景 あいうえお アイウエオ
ABCDEFG abcdefg 1234567890 ?!@#%&*「

no.094 飴鞭ゴシック
作者名：takumi
http://slimedaisuki.blog9.fc2.com/ 商用 ○

日本の美しい風景 あいうえお アイウエオ
ABCDEFG abcdefg 1234567890 ?!@＃％＆＊「

※「使用条件」を読んで使用
http://slimedaisuki.blog9.fc2.com/blog-entry-2755.html

no.095 やなぎたい
作者名：みつばむしコアレス
http://32864.web.fc2.com/ 商用 ○

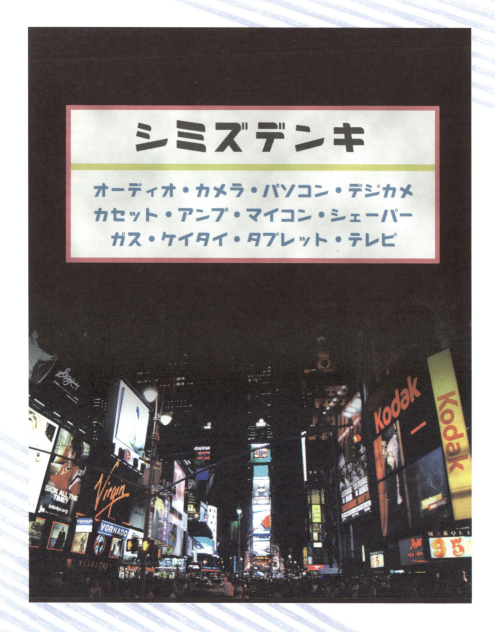

no.096 シミズデンキ
作者名：のらもじ発見プロジェクト
http://noramoji.jp/　　　　　　　　　　商用 ○

アイウエオ　カキクケコ　サシスセソ　タチツテト
ガギグゲゴ　ザジズゼゾ　ダヂヅデド　パピプペポ
※フォントファイルは、作者サイトよりダウンロードしてください

no.097　理容ヒロセ
作者名：のらもじ発見プロジェクト

http://noramoji.jp/　　　　　　　　　　商用 ○

アイウエオ　カキクケコ　サシスセソ　タチツテト
ガギグゲゴ　ザジズゼゾ　ダヂヅデド　バビブベボ

※フォントファイルは、作者サイトよりダウンロードしてください

068

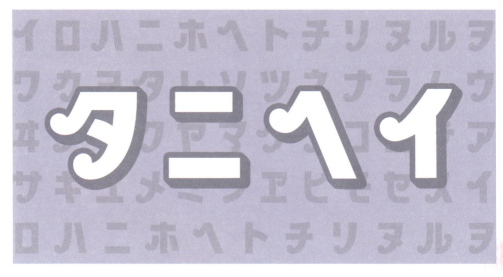

no.098 タニヘイ
作者名：のらもじ発見プロジェクト

http://noramoji.jp/　　　　　　　　　　　商用○

アイウエオ カキクケコ サシスセソ タチツテト
ガギグゲゴ ザジズゼゾ ダヂヅデド バビブベボ

※フォントファイルは、作者サイトよりダウンロードしてください

no.099 いがらし
作者名：のらもじ発見プロジェクト

http://noramoji.jp/　　　　　　　　　　　商用○

あいうえお かきくけこ さしすせそ たちつてと
がぎぐげご ざじずぜぞ だぢづでど ばびぶべぼ

※フォントファイルは、作者サイトよりダウンロードしてください

069

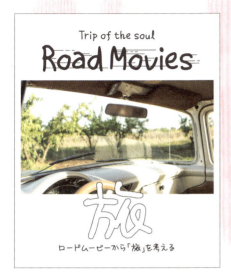

no.100　さなフォン悠
作者名：沙奈
http://www2g.biglobe.ne.jp/~misana/　　商用 △

日本の美しい風景　あいうえお　アイウエオ
ABCDEFG abcdefg 1234567890 ?!@#%&*「

※商用利用は要事前連絡

no.101　さなフォン丸
作者名：沙奈
http://www2g.biglobe.ne.jp/~misana/　　商用 △

日本の美しい風景　あいうえお　アイウエオ
ABCDEFG abcdefg 1234567890 ?!@#%&*「

※商用利用は要事前連絡

no.102　はらませにゃんこ
作者名：稲塚春
http://inatsuka.com/　　商用 ○

あいうえお　かきくけこ　さしすせそ　たちつてと
アイウエオ　カキクケコ　サシスセソ　タチツテト

no.103 てあとりずむ
作者名：ゴシ
http://www.ee.e-mansion.com/~t-wtnb/index.html 商用 △
日本の美しい風景 あいうえお アイウエオ
ABCDEFG abcdefg 1234567890 %「
※商用利用は要事前連絡

071

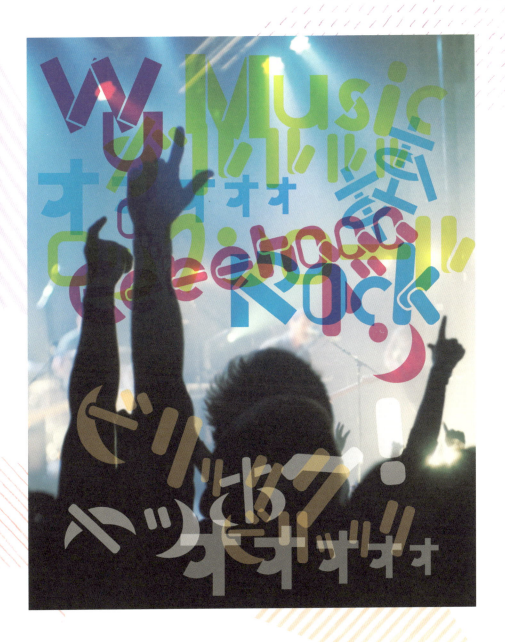

no.104 らんすあたっく!
作者名：櫻井幸一
http://fontlab.web.fc2.com/ 　商用 ○

あいうえお かきくけこ アイウエオ カキクケコ
ABCDEFG abdefg 1234567890 ?!「

072

麻宮まりん写真集
そよ風と散歩
手塩書房

no.105 さなフォン帯
作者名：沙奈

http://www2g.biglobe.ne.jp/~misana/ 商用 △

日本の美しい風景　あいうえお　アイウエオ
ABCDEFG abcdefg 1234567890 ?!@#%&＊「
※商用利用は要事前連絡

花と器のお話し

フラワーアレンジメントという言葉を聞いたことはあるけれど、本当はよくわからないと思う人も多いのではないでしょうか？

同じ花を装飾する生け花との違いを比べてみましょう。生け花は、花の個性を活かすもの。フラワーアレンジメントは、花と生活を調和させるものです。

流派がたくさんあって、花を見る角度や、花器の美しさを大切にする生け花は、そのようにして花を楽しむ心遣いみたいなものを教わるイメージがあります。

フラワーアレンジメントは、花や葉などの関係を整理し、花と花器、その他の素材を整理しながら組み合わせます。自分の伝えたい気持ち、季節を表現します。

---

no.106 さなフォン飾
作者名：沙奈
http://www2g.biglobe.ne.jp/~misana/   商用 △

日本の美しい風景　あいうえお　アイウエオ
ABCDEFG abcdefg 1234567890 ?!@#%＆*「
※商用利用は要事前連絡

no.107 takumi 書痙フォント
作者名：takumi

http://slimedaisuki.blog9.fc2.com/　商用 ○

日本の美しい風景　あいうえお　アイウエオ
ABCDEFG abcdefg 1234567890 ?!@#%&*「

※「使用条件」を読んで使用
http://slimedaisuki.blog9.fc2.com/blog-entry-2475.html

no.108 takumi ゆとりフォント
作者名：takumi

http://slimedaisuki.blog9.fc2.com/　商用 ○

日本の美しい風景　あいうえお　アイウエオ
ABCDEFG abcdefg 1234567890 ?!@#%&*「

※「使用条件」を読んで使用
http://slimedaisuki.blog9.fc2.com/blog-entry-2889.html

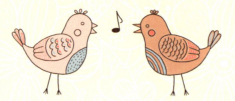

no.110 ダーツフォント
作者名：DAICHI
http://www.p-darts.jp/ 商用○

日本の美しい風景　あいうえお　アイウエオ
ABCDEFG abcdefg 1234567890 ?!@#%&*「

no.111 タンポポ
作者名：ANGEL VIBES
http://auracommunications.com/ 商用△

アイウエオ カキクケコ サシスセソ タチツテト
ガギグゲゴ ザジズゼゾ ダヂヅデド バビブベボ
※商用利用は利用料金必要

no.112 クイズフォント「QUIZ SHOW」
作者名：マルセ
http://marusexijaxs.web.fc2.com/ 商用○

北米クイズ決定　最後のグアム上陸ハワイ行き
ABCDEFG 1234567890 ?!&

078

no.114 サン理容室
作者名：のらもじ発見プロジェクト
http://noramoji.jp/　　　　　　　　　　商用 ○

アイウエオ カキクケコ サシスセソ タチツテト
ガギグゲゴ ザジズゼゾ ダヂヅデド パピプペポ
※フォントファイルは、作者サイトよりダウンロードしてください

080

SURF CITY
Nostalgic Surf Magazine

#01 2016 創刊号

特集 '70'スタイル
今も変わらぬ懐かしい街で
サーフィンを続けるということ
海へのインパクトを考える

ノスタジック・サーフマガジン

no.116 さなフォン業
作者名：沙奈
http://www2g.biglobe.ne.jp/~misana 商用 △
日本の美しい風景 あいうえお アイウエオ
ABCDEFG abcdefg 1234567890 ?!@#%&*「
※商用利用は要事前連絡

ビール　とりあえず一杯！

生ビール(中)……………………500 円

生ビール(小)……………………380 円

瓶ビール…………………………640 円

ソフトドリンク　お酒が呑めなくても！

コーラ……………………………300 円

烏龍茶……………………………280 円

オレンジジュース………………300 円

おつまみ　みんなでワイワイ！

焼き鳥盛り合わせ……………1,080 円

漬け物セット……………………780 円

枝豆………………………………600 円

no.117 櫻井幸一フォント フェルトペン
作者名：櫻井幸一
http://fontlab.web.fc2.com/
商用

日本の美しい風景 あいうえお アイウエオ
ABCDEFG abcdefg 1234567890 ?!@#%&*「

さなフォン麦

ささっとざっくり書いた、ハネやはらいが殆ど無い文字です。
あまり崩してないしクセも少なめなので、
結構読みやすく仕上がりました。
幅広い用途に、いろいろと使えると思います。
素朴であっさりしてて、
まっすぐな所にピョコピョコ飛び出してる感じなので
「さなフォン麦」と名づけました。

no.118 さなフォン麦
作者名：沙奈
http://www2g.biglobe.ne.jp/~misana/　　商用 △
日本の美しい風景 あいうえお アイウエオ
ABCDEFG abcdefg 1234567890 ?!@#%&*「
※商用利用は要事前連絡

さなフォン角

マジックで書いたような、ＰＯＰ風のかっちりして読みやすい書体です。
掲示用の文書やポスターなんかにも使えると思います。

no.119 さなフォン角
作者名：沙奈
http://www2g.biglobe.ne.jp/~misana/　　商用 △
日本の美しい風景 あいうえお アイウエオ
ABCDEFG abcdefg 1234567890 ?!@#%&*「
※商用利用は要事前連絡

Flower Works
花のステンシルアート

designed by Freepik.com

no.120 さなフォン型
作者名：沙奈
http://www2g.biglobe.ne.jp/~misana/ 商用 △
日本のうつくしいふうけい あいうえお アイウエオ
ABCDEFG abcdefg 1234567890 ?!@#%&✽「
※商用利用は要事前連絡

084

いつの時代も、夢はある。

子供たちの憩いの場、
駄菓子屋は、
どこの町にもありました。
あの古き良き時代、
店頭にならべられた飴玉が、
宝石のように輝いて見えたものです。
いつの時代も、夢はあります。
駄菓子屋本舗は、
子供たちの成長を願っています。

駄菓子屋本舗

no.121 三丁目フォント
作者名：キューピーアート

http://www.geocities.jp/bokurano_yume/　商用 △

日本の美しい風景　あいうえお　アイウエオ
ABCDEFG abcdefg 1234567890 ?!@#％＆＊「
※商用利用は要連絡

085

no.122　りいてがき筆
作者名：あおいりい
http://www.kcc.zaq.ne.jp/in-mlg/freefont/　商用○
日本の美しい風景 あいうえお アイウエオ
ABCDEFG abcdefg 1234567890 ?!@#%&*「

やさしい インテリア

Furniture Made to Your
Retro-chic Taste

no.123 NTDトーマスかな W45
作者名：NTDfonts
http://www.ntdfonts.com/ 商用 ○
あいうえお かきくけこ さしすせそ たちつてと
アイウエオ カキクケコ サシスセソ タチツテト

no.124 ハニフォント
作者名：haniwa
http://chemibo.jp/cc/　　　商用 △

あいうえお かきくけこ さしすせそ たちつてと
アイウエオ カキクケコ サシスセソ タチツテト

※商用利用は要事前連絡

no.125 サカナノユウレイ
作者名：きっこ
http://kakurigeocorona.web.fc2.com/　　　商用 ○

アイウエオ カキクケコ サシスセソ タチツテト
ナニヌネノ ハヒフヘホ マミムメモ ヤユヨ

GREEN STYLE
グリーンスタイル

feature
かんたん
マーガレットのそだてかた

WILD FLOWER をみつけにいこう
じぶんのいえにあったハナをさがそう

清風明月
せいふうめいげつ

---

no.126 NTDトーマスかな W50
作者名：NTDfonts
http://www.ntdfonts.com/ 商用 ○

あいうえお かきくけこ さしすせそ たちつてと
アイウエオ カキクケコ サシスセソ タチツテト

no.127 清風明月
作者名：TAKAYA
http://www.geocities.jp/s318shunkasyuto/ 商用 ○

日本の美しい風景 あいうえお アイウエオ
ABCDEFG abcdefg 1234567890 ?!@♡%＆＊「

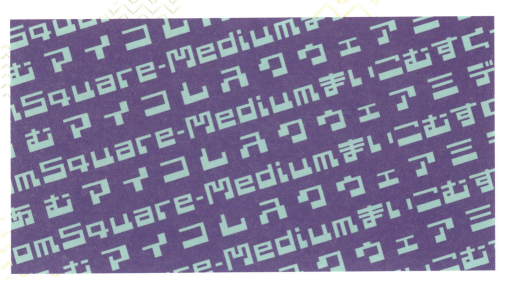

no.128 MyCom Square
作者名：Katana Fonts
http://katanafonts.jimdo.com/ 商用 △
あいうえお かきくけこ さしすせそ たちつてと
アイウエオ カキクケコ サシスセソ タチツテト
※商用利用は要事前連絡

no.129 Manga Font-Boom
作者名：Katana Fonts
http://katanafonts.jimdo.com/ 商用 △
あいうえお かきくけこ さしすせそ アイウエオ カキクケコ サシスセソ
ABCDEFG abcdefg 1234567890 ?!「
※商用利用は要事前連絡

no.130 チョークでかいたようなフォント（こくばん）
作者名：ぴんきー
http://falseorfont.web.fc2.com/　　　商用／△

あいうえお かきくけこ さしすせそ たちつてと
アイウエオ カキクケコ サシスセソ タチツテト
※商用利用はリンクウェア

no.131 まーと・ふとまる・シャドウ
作者名：Cfont
http://cfont.jp 商用 ×
あいうえおかきくけこ アイウエオカキクケコ
ABCDEFG abcdefg 1234567890 ?!@#¥%&
※商用利用は、サイトに記載している「CFONT COLLECTION」を購入

からくりピエロ

no.132 コーナー　かな
作者名：Cfont

http://cfont.jp　　　　　　　　　　　　商用 ×

あいうえお　かきくけこ　さしすせそ　たちつてと
アイウエオ　カキクケコ　サシスセソ　タチツテト

※商用利用は、サイトに記載している「CFONT COLLECTION」を購入

欧文

94

designed by Freepik.com

no.001 Alpaca
作者名：Andrew Hart
http://dirt2.com/   商用

ABCDEFGHIJKLMNOPQRSTUVWXYZ ?!@$%ˆ&*(
abcdefghijklmnopqrstuvwxyz 1234567890

※商用利用フォントはこちらよりダウンロード→ http://sickcapital.com/

no.002 Angelic War
作者名：Andrew Hart
http://dirt2.com/   商用

abcdefghijklmnopqrstuvwxyz ?!@$%ˆ&*(
abcdefghijklmnopqrstuvwxyz 1234567890

※商用利用フォントはこちらよりダウンロード→ http://sickcapital.com/

no.003 Katy Berry
作者名：Andrew Hart
http://dirt2.com/　商用 △

※商用利用フォントはこちらよりダウンロード→ http://sickcapital.com/

no.004 SC Tina's Baby Shower
作者名：Andrew Hart
http://dirt2.com/　商用 △

※商用利用フォントはこちらよりダウンロード→ http://sickcapital.com/

no.005 Please Show Me Love
作者名：Andrew Hart

http://dirt2.com/ 商用 △

abcdefghijklmnopqrxyz ?!.$.^&*(
1234567890

※商用利用フォントはこちらよりダウンロード→ http://sickcapital.com/

no.006 Good Peace
作者名：Andrew Hart

http://dirt2.com/ 商用 △

ABCDEFGHIJKLMNOPQRXYZ ?!@$%&*(
ABCDEFGHIJKLMNOPQRXYZ 1234567890

※商用利用フォントはこちらよりダウンロード→ http://sickcapital.com/

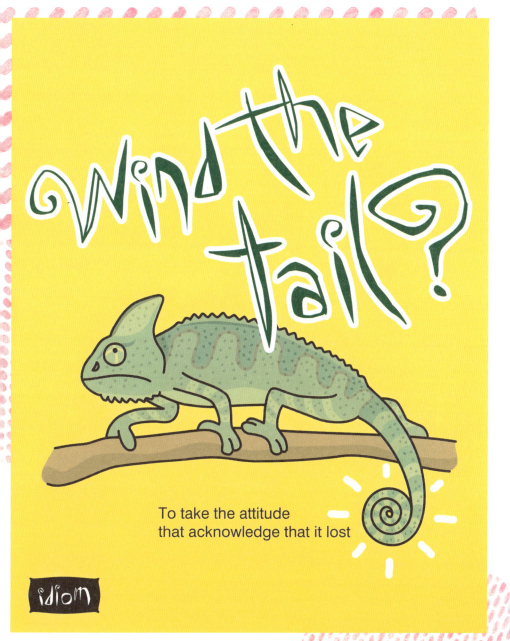

no.007 ChaMeLEon DrEam

no.010 Cute Tattoo
作者名：Andrew Hart
http://dirt2.com/　　　　　　　　　　　商用 △
ABCDEFGHIJKLMNOPQRSTUVWXYZ ?!@
1234567890
※商用利用フォントはこちらよりダウンロード→ http://sickcapital.com/

Angelic serif

The quick brown fox jumps over a lazy dog. The quick

Angelic serif

no.011 Angelic Serif
作者名：Andrew Hart

http://dirt2.com/   商用 △

abcdefghijklmnopqrxyz ?!@$%^&*(
abcdefghijklmnopqrxyz 1234567890

※商用利用フォントはこちらよりダウンロード→ http://sickcapital.com/

no.012 Royal Vanity
作者名：Andrew Hart
http://dirt2.com/　　商用 △

ABCDEFGHIJKLMNOPQRSTUVWXYZ ?!@§`& (
abcdefghijklmnopqrstuvwxyz 1234567890

※商用利用フォントはこちらよりダウンロード→ http://sickcapital.com/

no.013 Loyal Fame
作者名：Andrew Hart
http://dirt2.com/　　商用 △

ABCDEFGHIJKLMNOPQRSTUVWXYZ ?!"`8`(
abcdefghijklmnopqrstuvwxyz 1234567890

※商用利用フォントはこちらよりダウンロード→ http://sickcapital.com/

no.014 Fun in the Jungle
作者名：Andrew Hart
http://dirt2.com/

※商用利用フォントはこちらよりダウンロード→ http://sickcapital.com/

no.015 SC Manipulative Lovers
作者名：Andrew Hart

http://dirt2.com/ 商用 △

ABCDEFGHIJKLMNOPQRxYz ,. $%^&*(
1234567890

※商用利用フォントはこちらよりダウンロード→ http://sickcapital.com/

105

no.016 Ghosttown BC
作者名：Andrew Hart
http://dirt2.com/　　　　　　　　　　　商用 △

ABCDEFGHIJKLMNOPQRXYZ ?!@$%^*(
1234567890

※商用利用フォントはこちらよりダウンロード→ http://sickcapital.com/

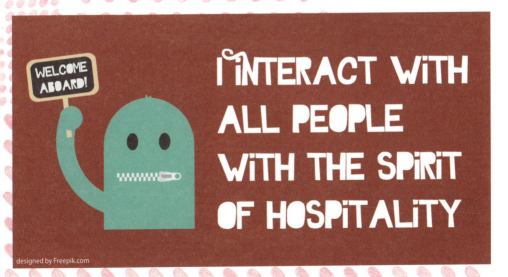

no.017 Ghosttown
作者名：Andrew Hart
http://dirt2.com/　　　　　　　　　　　商用 △

ABCDEFGHIJKLMNOPQRXYZ ?!@$%^&*('
ABCDEFGHIJKLMNOPQRXYZ 1234567890

※商用利用フォントはこちらよりダウンロード→ http://sickcapital.com/

WALKING SAFARI

ORIGINAL SAFARI
AND REMAIN
THE PUREST FORM

no.018 WILD AFRICA
作者名：Andrew Hart
http://dirt2.com/   商用 △
ABCDEFGHIJKLMNOPQRXYZ

※商用利用フォントはこちらよりダウンロード→ http://sickcapital.com/

no.019 Kings of Pacifica
作者名：Andrew Hart
http://dirt2.com/
商用／△

※商用利用フォントはこちらよりダウンロード→ http://sickcapital.com/

no.020 Dirt2 Stickler
作者名：Andrew Hart
http://dirt2.com/

abcdefghijklmnopqrxyz ?!@.$%^&*(
1234567890
※商用利用フォントはこちらよりダウンロード→ http://sickcapital.com/

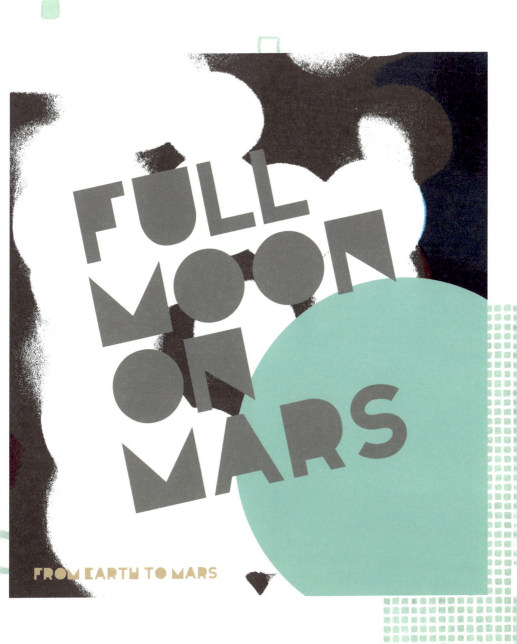

no.021 Full Moon On Mars
作者名：Andrew Hart
http://dirt2.com/ 商用 △

※商用利用フォントはこちらよりダウンロード→ http://sickcapital.com/

no.022 Boldenstein
作者名：Andrew Hart
http://dirt2.com/　　商用 △

※商用利用フォントはこちらよりダウンロード→ http://sickcapital.com/

no.023 Robot!Head
作者名：Andrew Hart
http://dirt2.com/　　商用 △

※商用利用フォントはこちらよりダウンロード→ http://sickcapital.com/

no.024 Ganix Apec
作者名：Andrew Hart
http://dirt2.com/　　商用 △

※商用利用フォントはこちらよりダウンロード→ http://sickcapital.com/

no.025 Vloderstone
作者名：Andrew Hart
http://dirt2.com/　　商用 △

※商用利用フォントはこちらよりダウンロード→ http://sickcapital.com/

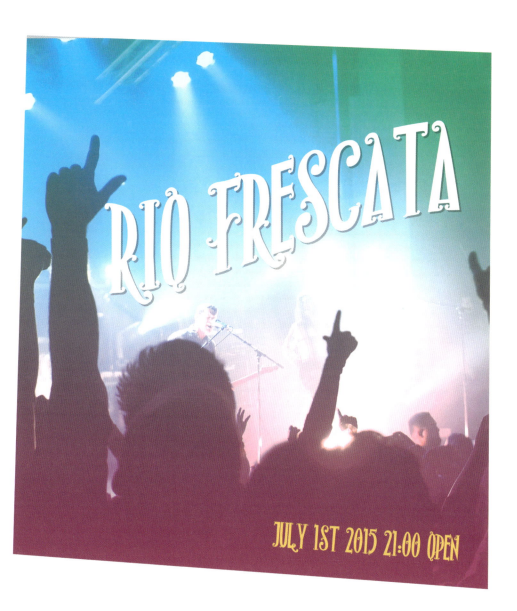

no.026 Rio Frescata
作者名：Andrew Hart
http://dirt2.com/

ABCDEFGHIJKLMNOPQRXYZ ?!$%*[
abcdefghijklmnopqrxyz 1234567890

※商用利用フォントはこちらよりダウンロード→ http://sickcapital.com/

3 secrets that could instantly improve your drawing and painting? Wouldn't you give it a try?

http://sketch.com

no.028 Sketch Match
作者名：Galdino Otten
http://galdinootten.com/ 商用 △

ABCDEFGHIJKLMNOPQRSTUVWXYZ ?!@$%^&*(
abcdefghijklmnopqrxyz 1234567890

※商用利用は要ライセンスの購入

no.029 Cute Cartoon
作者名：Galdino Otten

http://galdinootten.com/ 商用 △

ABCDEFGHIJKLMNOPQRXYZ ?!@$%&°(
1234567890

※商用利用は要ライセンスの購入

Hippie Movement
Hippie Movement
Hippie Movement
Hippie Movement
Hippie Movement
Hippie Movement
Hippie Movement
Hippie Movement
Hippie Movement

no.030 Hippie Movement
作者名：Galdino Otten
http://galdinootten.com/ 商用 △

ABCDEFGHIJKLMNOPQRXYZ $/ $%^&*(
abcdefghijklmnopqrxyz 1234567890

※商用利用は要ライセンスの購入

Just Skinny

Far far away, behind the word mountains, far from the countries Vokalia and Consonantia, there live the blind texts. Separated they live in Bookmarksgrove right at the coast of the Semantics, a large language ocean.

no.031 Just Skinny
作者名：Galdino Otten
http://galdinootten.com/

ABCDEFGHIJKLMNOPQRSTUVWXYZ ?!@$%^&*(
abcdefghijklmnopqrstuvwxyz 1234567890

※商用利用は要ライセンスの購入

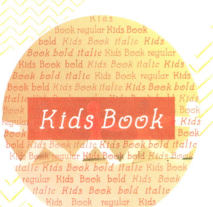

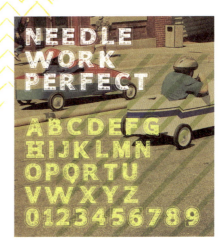

no.032 Kids Book
作者名：Galdino Otten
http://galdinootten.com/ 商用 △

ABCDEFGHIJKLMNOPQRXYZ ?!@$% ^ &*(
abcdefghijklmnopqrxyz 1234567890

※商用利用は要ライセンスの購入

no.033 Needlework Perfect
作者名：Galdino Otten
http://galdinootten.com/ 商用 △

ABCDEFGHIJKLMNOPQRXYZ ?!@$%.&*(
abcdefghijklmnopqrxyz 1234567890

※商用利用は要ライセンスの購入

no.034 60s Pop
作者名：Galdino Otten
http://galdinootten.com/ 商用 △

ABCDEFGHIJKLMNOPQRXYZ ?!@$%^&*(
abcdefghijklmnopqrxyz 1234567890

※商用利用は要ライセンスの購入

no.035 Amazon Palafita
作者名：Galdino Otten
http://galdinootten.com/ 商用 △

ABCDEFGHIJKLMNOPQRXYZ ?!@$&$$*(
abcdefghijklmnopqrxyz 1234567890

※商用利用は要ライセンスの購入

no.036 Bad King
作者名：Galdino Otten
http://galdinootten.com/
※商用利用は要ライセンスの購入

no.037 Riscada Doodle
作者名：Galdino Otten
http://galdinootten.com/
商用 △
ABCDEFGHIJKLMNOPQRXYZ ?!@$%^&*{}/\(
1234567890
※商用利用は要ライセンスの購入

no.038 Serifa Comica
作者名：Galdino Otten
http://galdinootten.com/

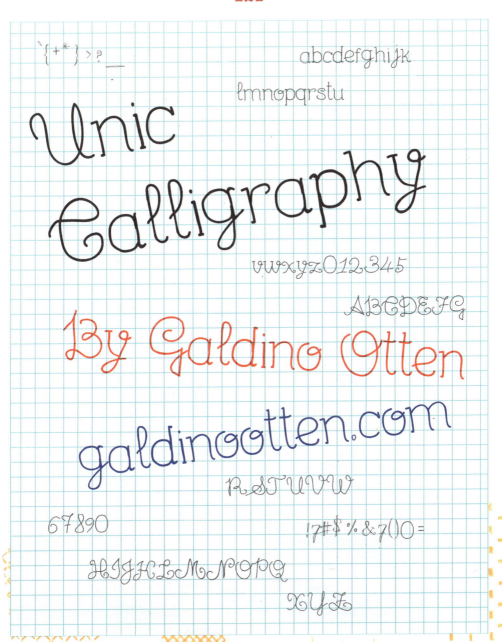

no.039 Unic Calligraphy

no.040 Yummy Lollipop
作者名：Galdino Otten
http://galdinootten.com/
商用 | △
ABCDEFGHIJKLMNOPQRSTUVWXYZ ?!@$%^&*(
abcdefghijklmnopqrxyz 1234567890
※商用利用は要ライセンスの購入

no.041 Freehand Written
作者名：Galdino Otten

http://galdinootten.com/ 商用／△

ABCDEFGHIJKLMNOPQRXYZ ?!@#%^&*(
abcdefghijklmnopqrxyz 1234567890

※商用利用は要ライセンスの購入

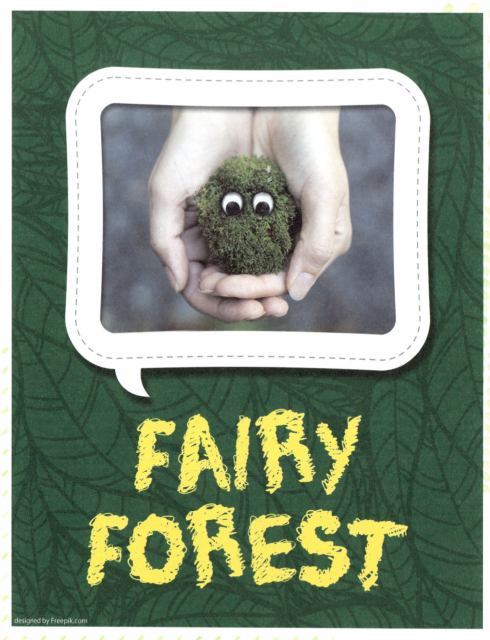

no.042 Trace of Rough
作者名：Galdino Otten
http://galdinootten.com/ 商用 △
ABCDEFGHIJKLMNOPQRXYZ ?!@$%^&*
1234567890
※商用利用は要ライセンスの購入

125

no.043 Always In My Heart
作者名：Vanessa Bays
http://bythebutterfly.com 商用 △
ABCDEFGHIJKLMNOPQRXYZ ?!@$/^&*(
abcdefghijklmnopqrxyz 1234567890
※商用利用は http://bythebutterfly.com/shop.php で要ライセンスの購入

no.044 A little sunshine
作者名：Vanessa Bays
http://bythebutterfly.com 商用 △
ABCDEFGHIJKLMNOPQRXYZ ?!@$/^&*(
abcdefghijklmnopqrxyz 1234567890
※商用利用は http://bythebutterfly.com/shop.php で要ライセンスの購入

no.045　Austie Bost Envelopes
作者名：Austin Owens
http://www.fontspring.com/foundry/austi-bost-fonts　商用 △

※商用利用は要事前連絡・ライセンスの購入

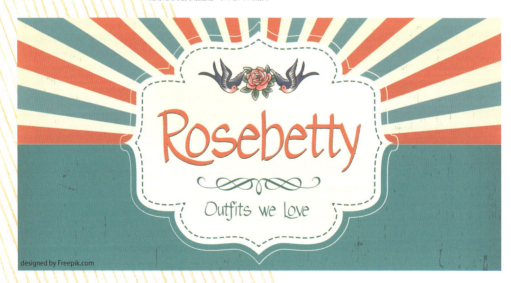

no.046　Austie Bost Matamata
作者名：Austin Owens
http://www.fontspring.com/foundry/austi-bost-fonts　商用 △

※商用利用は要事前連絡・ライセンスの購入

no.047 Austie Bost Versailles
作者名：Austin Owens
http://www.fontspring.com/foundry/austi-bost-fonts 商用 △

※商用利用は要事前連絡・ライセンスの購入

no.048 Cutie Patootie
作者名：Vanessa Bays
http://bythebutterfly.com 商用 △

※商用利用は http://bythebutterfly.com/shop.php で要ライセンスの購入

no.049 Austie Bost Roman Holiday Sketch
作者名：Austin Owens
http://www.fontspring.com/foundry/austi-bost-fonts 商用 △
※商用利用は要事前連絡・ライセンスの購入

no.050 Austie Bost There For You
作者名：Austin Owens
http://www.fontspring.com/foundry/austi-bost-fonts 商用 △
※商用利用は要事前連絡・ライセンスの購入

no.051　Austie Bost Happy Holly
作者名：Austin Owens
http://www.fontspring.com/foundry/austi-bost-fonts

※商用利用は要事前連絡・ライセンスの購入

PREMIUM $8
CHOCOLATE
DOUBLE $6
banana
vanilla $3
STRAWBERRY $3
BlueBERRY $3

no.052 Austie Bost Cherry Cola

作者名：Austin Owens

http://www.fontspring.com/foundry/austi-bost-fonts 商用 △

AbCDEfGhIJKLMNOPQrXYZ ?!@$%,&'(
aBCDEfGhIJKLMNOPQrXYZ 1234567890

※商用利用は要事前連絡・ライセンスの購入

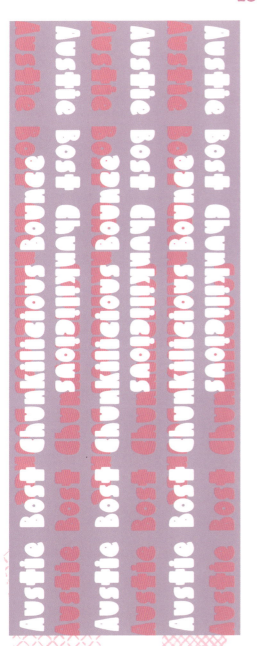

no.053 Austie Bost Chunkilicious
作者名：Austin Owens
http://www.fontspring.com/foundry/austi-bost-fonts 商用 △

no.054 DK Mango Smoothie
作者名：David Kerkhoff
http://www.hanodedfonts.com/ 商用 △

※商用利用は要事前連絡・ライセンスの購入

※商用利用は要ライセンスの購入

no.055 DK Jambo
作者名：David Kerkhoff
http://www.hanodedfonts.com/　商用 | △

ABCDEFGHIJKLMNOPQRXYZ ?!@$%^&*(
abcdefghijklmnopqrxyz 1234567890
※商用利用は要ライセンスの購入

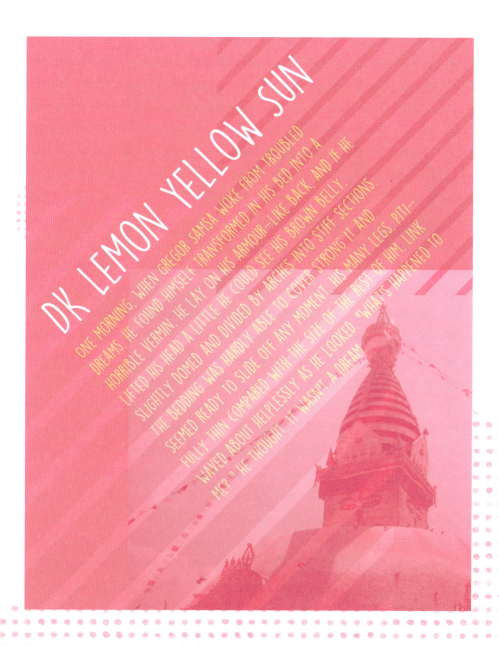

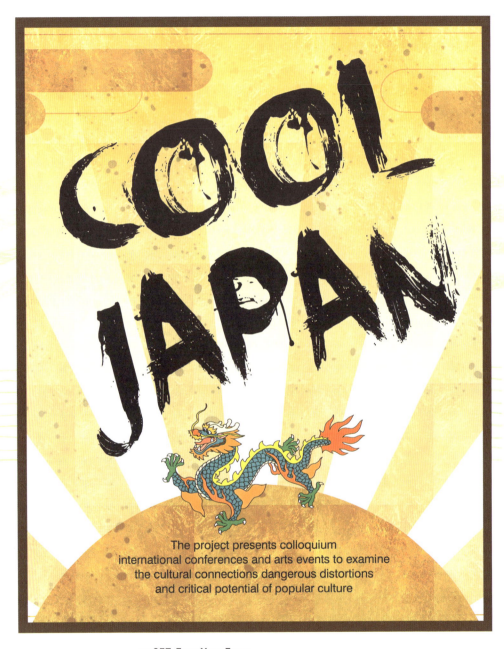

135

no.058 DK American Grunge
作者名：David Kerkhoff
http://www.hanodedfonts.com/
商用 △
※商用利用は要ライセンスの購入

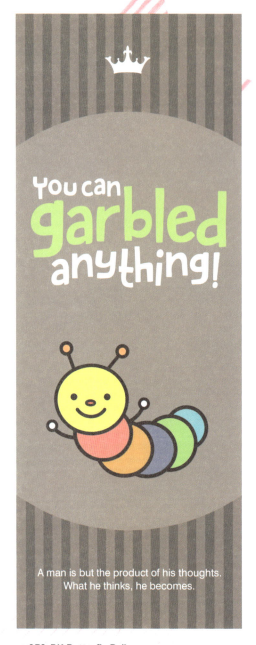

no.059 DK Butterfly Ball
作者名：David Kerkhoff
http://www.hanodedfonts.com/
ABCDEFGHIJKLMNOPQRXYZ ?!@$(
abcdefghijklmnopqrxyz 1234567890
※商用利用は要ライセンスの購入

no.060 All Over Again
作者名：David Kerkhoff
http://www.hanodedfonts.com/
ABCDEFGHIJKLMNOPQRXYZ ?!0$%^&*(
abcdefghijklmnopqrxyz 1234567890
※商用利用は要ライセンスの購入

no.062 DK Cosmo Stitch
作者名：David Kerkhoff
http://www.hanodedfonts.com/ 商用 △
※商用利用は要ライセンスの購入

no.063 DK Crayon Crumble
作者名：David Kerkhoff
http://www.hanodedfonts.com/ 商用 △
※商用利用は要ライセンスの購入

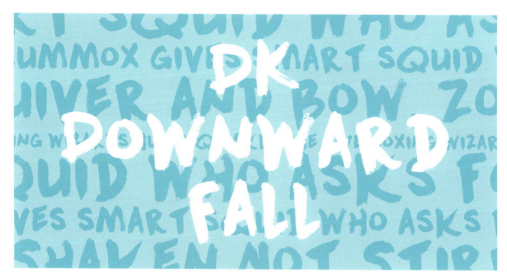

no.064 DK Downward Fall
作者名：David Kerkhoff
http://www.hanodedfonts.com/ 商用 △
※商用利用は要ライセンスの購入

no.065 DK Carte Blanche
作者名：David Kerkhoff
http://www.hanodedfonts.com/
商用 △
ABCDEFGHIJKLMNOPQRXYZ
abcdefghijklmnopqrxyz
※商用利用は要ライセンスの購入。

no.066 DK Shaken Not Stirred
作者名：David Kerkhoff
http://www.hanodedfonts.com/
商用／△

※商用利用は要ライセンスの購入

no.067 DK Innuendo
作者名：David Kerkhoff
http://www.hanodedfonts.com/ 商用 △
ABCDEFGHIJKLMNOPQRXYZ ?!@
ABCDEFGHIJKLMNOPQRXYZ 1234567890
※商用利用は要ライセンスの購入

no.068 Rumpelstiltskin
作者名：David Kerkhoff
http://www.hanodedfonts.com/ 商用 △
ABCDEFGHIJKLMNOPQRXYZ ?!@$%^&*(
abcdefghijklmnopqrxyz 1234567890
※商用利用は要ライセンスの購入

no.069 DK Cool Crayon
作者名：David Kerkhoff
http://www.hanodedfonts.com/ 商用 △

ABCDEFGHIJKLMNOPQRXYZ ?!@$*(
abcdefghijklmnopqrxyz 1234567890

※商用利用は要ライセンスの購入

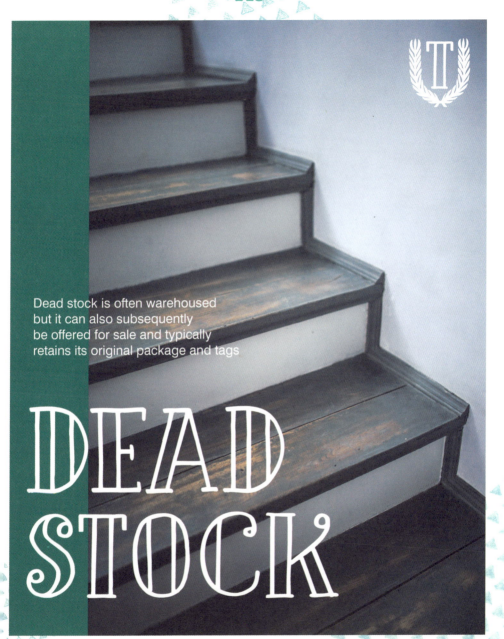

no.070 DK Douceur
作者名：David Kerkhoff
http://www.hanodedfonts.com/ 商用 △
ABCDEFGHIJKLMNOPQRXYZ ?!@S(
1234567890
※商用利用は要ライセンスの購入

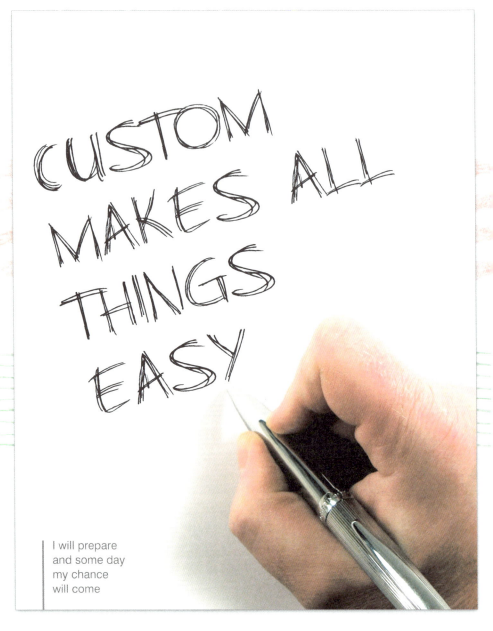

no.071 Business As Usual
作者名：David Kerkhoff
http://www.hanodedfonts.com/
商用 △

ABCDEFGHIJKLMNOPQRXYZ ?!@$&
1234567890

※商用利用は要ライセンスの購入

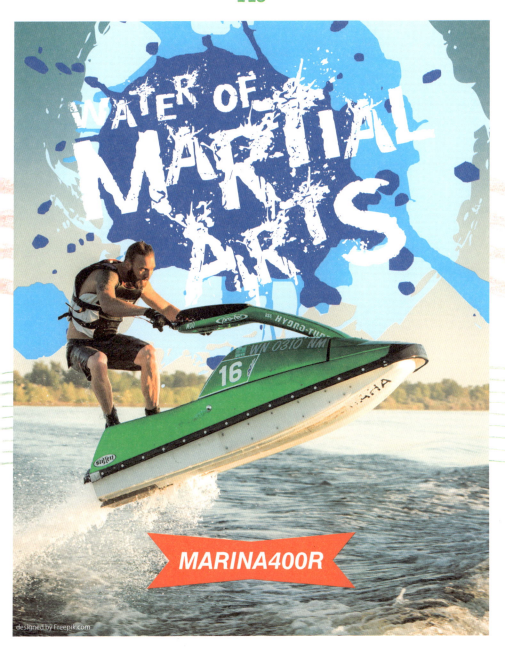

no.072 Bullet In Your Head
作者名：David Kerkhoff
http://www.hanodedfonts.com/ 商用 △

no.073 DK Meshuggeneh
作者名：David Kerkhoff
http://www.hanodedfonts.com/ 商用 △

※商用利用は要ライセンスの購入

no.074 DK Father Frost
作者名：David Kerkhoff
http://www.hanodedfonts.com/ 商用 △

※商用利用は要ライセンスの購入

no.075 Nightbird
作者名：David Kerkhoff
http://www.hanodedfonts.com/ 商用 △

ABCDEFGHIJKLMNOPQRXYZ ?!@$&*
1234567890

※商用利用は要ライセンスの購入

no.076 DK Pundak
作者名：David Kerkhoff
http://www.hanodedfonts.com/ 商用 △

ABCDEFGHIJKLMNOPQRXYZ ?!@$(
ABCDEFGHIJKLMNOPQRXYZ 1234567890

※商用利用は要ライセンスの購入

no.077 DK Kwark
作者名：David Kerkhoff
http://www.hanodedfonts.com/
商用 △
ABCDEFGHIJKLMNOPQRXYZ ?!@$(
1234567890
※商用利用は要ライセンスの購入

no.078 DK Bergelmir
作者名：David Kerkhoff
http://www.hanodedfonts.com/
商用 △
ABCDEFGHIJKLMNOPQRXYZ ?!@$
abcdefghijklmnopqrxyz 1234567890
※商用利用は要ライセンスの購入

no.079 DK Monsieur Le Chat
作者名：David Kerkhoff
http://www.hanodedfonts.com/ 商用│△

※商用利用は要ライセンスの購入

no.080 DK Thievery
作者名：David Kerkhoff
http://www.hanodedfonts.com/ 商用│△

※商用利用は要ライセンスの購入

150

no.081 DK Criss Cross
作者名 : David Kerkhoff
http://www.hanodedfonts.com/ 商用 △
ABCDEFGHIJKLMNOPQRXYZ ?!@$%^&*(
ABCDEFGHIJKLMNOPQRXYZ 1234567890
※商用利用は要ライセンスの購入

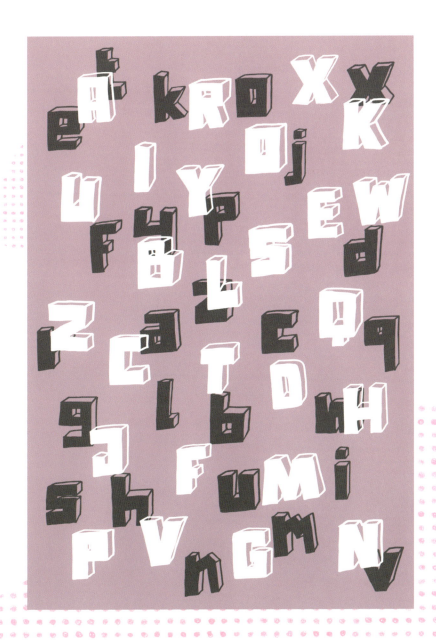

no.082 DK Technojunk
作者名：David Kerkhoff
http://www.hanodedfonts.com/ 商用 △
ABCDEFGHIJKLMNOPQRXYZ ?!@$(
abcdefghijklmnopqrxyz 1234567890
※商用利用は要ライセンスの購入

no.083 Mayonaise
作者名：David Kerkhoff
http://www.hanodedfonts.com/ 商用 △
※商用利用は要ライセンスの購入

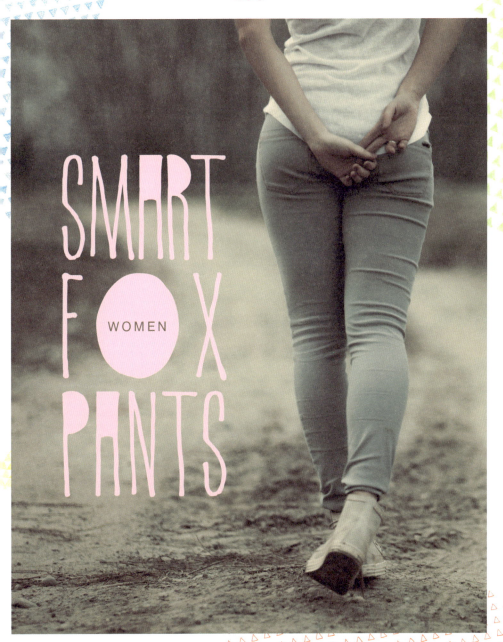

no.084 DK Spiderlegs
作者名：David Kerkhoff
http://www.hanodedfonts.com/
商用△
※商用利用は要ライセンスの購入

no.085 Hanging Letters
作者名：Hareesh Seela

http://www.dafont.com/seela-hareesh.d4799　商用 △

※商用利用は要寄付、寄付確認後ライセンスを送付

no.086 Miss Smarty Pants
作者名：Vanessa Bays

http://bythebutterfly.com　商用 △

※商用利用は要ライセンス購入

no.087 **Curly Shirley**
作者：Vanessa Bays
http://bythebutterfly.com 商用 △

no.088 **Moon Flower**
作者：Denise Bentulan
http://douxiegirl.com 商用 ○

no.089 Denne Puffy Hearts
作者名：Denise Bentulan
http://douxiegirl.com

no.090 Killed Vespertine
作者名：Denise Bentulan
http://douxiegirl.com 商用 ○

ABCDEFGHIJKLMNOPQRXYZ ?!@$%^&*(
1234567890
※寄付歓迎

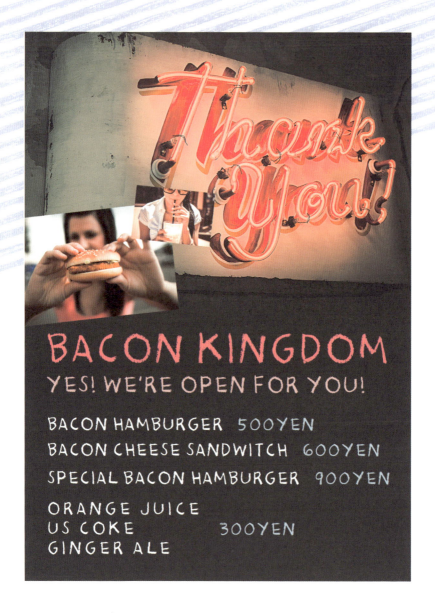

no.091 Bacon Kingdom
作者名：Denise Bentulan
http://douxiegirl.com 商用 ○
ABCDEFGHIJKLMNOPQRSTUVWXYZ ?!@$%^&*(
1234567890
※寄付歓迎

no.092 Denne Fuchoor
作者名：Denise Bentulan
http://douxiegirl.com
商用：○

ABCDEFGHIJKLMNOPQRXYZ
1234567890

※寄付歓迎!
※Macでは、フォントファイルを、フォントフォルダにドラッグ&ドロップしてインストール

160

no.093 Monovirus
作者名：Denise Bentulan
http://douxiegirl.com　　　　　商用 ○
ABCDEFGHIJKLMNOPQRXYZ ?!@$%^&*(
1234567890
※寄付歓迎

no.094 Denne schooLgirL
作者名：Denise Bentulan

http://douxiegirl.com 商用 ○

abcdefghijkLmnopqrxyz ?!@^*(
1234567890

※寄付歓迎
※Macでは、フォントファイルを、フォントフォルダにドラッグ&ドロップしてインストール

no.095 Strawberry Fields
作者名：Woodcutter Manero

http://www.woodcutter.es/ 商用 △

ABCDEFGHIJKLMNOPQRSTUVWXYZ ?!@^8`(
1234567890

※商用利用は、要事前連絡

no.096 Hawaii Lover
作者名：Andrew Hart
http://dirt2.com/

※商用利用フォントはこちらよりダウンロード→ http://sickcapital.com/

no.097　Hawaii Killer
作者名：Andrew Hart

http://dirt2.com/　　　　　　　　　　　　　　　商用 △

※商用利用フォントはこちらよりダウンロード→ http://sickcapital.com/

no.098　ASTONISHED
作者名：Misprinted Type

http://www.misprintedtype.com/　　　　　　　　商用 ○

no.099 Vanessas Valentine
作者名：Vanessa Bays

http://bythebutterfly.com 商用 △

※商用利用は要ライセンス購入

no.100 Grandma's Garden
作者名：Vanessa Bays

http://bythebutterfly.com 商用 △

※商用利用は要ライセンス購入

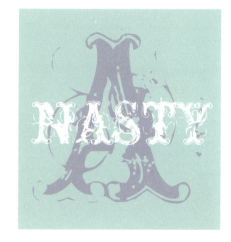

no.101 Misproject
作者名：Misprinted Type
http://www.misprintedtype.com/ 商用

no.102 Nasty
作者名：Misprinted Type
http://www.misprintedtype.com/ 商用

no.103 Broken15
作者名：Misprinted Type
http://www.misprintedtype.com/ 商用

no.104 Anagram
作者名：Nick Curtis
http://www.nicksfonts.com 商用

166

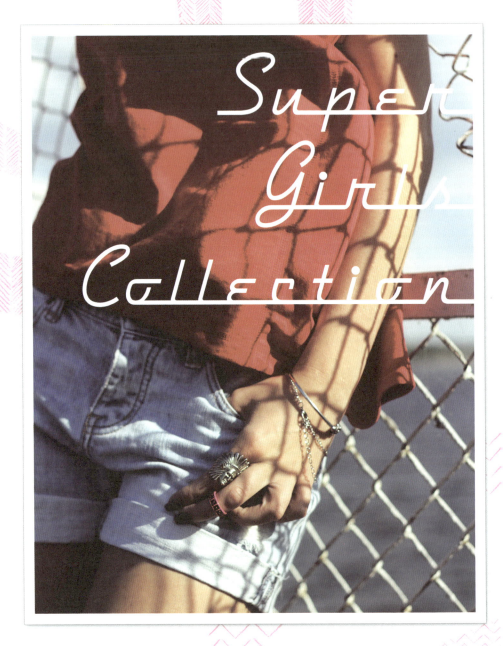

no.105 DymaxionScript
作者名 : Nick Curtis
http://www.nicksfonts.com 商用

no.106 FortySecondStreet
作者名：Nick Curtis
http://www.nicksfonts.com

FONT USAGE EXAMPLE

no.107 JungleFever
作者名：Nick Curtis
http://www.nicksfonts.com 商用 ○

ABCDEFGHIJKLMNOPQRXYZ !!$&`(
1234567890

no.108 QuigleyWiggly
作者名：Nick Curtis
http://www.nicksfonts.com 商用 ○

ABCDEFGHIJKLMNOPQRXYZ ?!@$&`(
abcdefghijklmnopqrxyz 1234567890

no.109 SeasideResort
作者名：Nick Curtis
http://www.nicksfonts.com　商用○

no.110 EastMarket
作者名：Nick Curtis
http://www.nicksfonts.com　商用○

RIGHT CHALK

FAR FAR AWAY, BEHIND THE WORD MOUNTAINS, FAR FROM THE COUNTRIES VOKALIA AND CONSONANTIA, THERE LIVE THE BLIND TEXTS. SEPARATED THEY LIVE IN BOOKMARKSGROVE RIGHT AT THE COAST OF THE SEMANTICS, A LARGE LANGUAGE OCEAN. A SMALL RIVER NAMED DUDEN FLOWS BY THEIR PLACE AND SUPPLIES IT WITH THE NECESSARY REGELIALIA.

no.112 Right Chalk
作者名：Daniel Hochard
http://www.imagex-fonts.com
商用 △

ABCDEFGHIJKLMNOPQRXYZ ?!@$&*(
1234567890

※商用利用は要ライセンス購入

A WONDERFUL SERENITY HAS TAKEN POSSESSION OF MY ENTIRE SOUL, LIKE THESE SWEET MORNINGS OF SPRING WHICH I ENJOY WITH MY WHOLE HEART. I AM ALONE, AND FEEL THE CHARM OF EXISTENCE IN THIS SPOT, WHICH WAS CREATED FOR THE BLISS OF SOULS LIKE MINE. I AM SO HAPPY, MY DEAR FRIEND, SO ABSORBED IN THE EXQUISITE SENSE OF MERE TRANQUIL EXISTENCE, THAT I NEGLECT MY TALENTS. I SHOULD BE INCAPABLE OF DRAWING A SINGLE STROKE AT THE PRESENT MOMENT; AND YET I FEEL THAT I NEVER WAS A GREATER ARTIST THAN NOW. WHEN, WHILE THE LOVELY VALLEY TEEMS WITH VAPOUR AROUND ME, AND THE MERIDIAN SUN STRIKES THE UPPER SURFACE OF THE IMPENETRABLE FOLIAGE OF MY TREES, AND BUT A FEW STRAY GLEAMS

ART POST

THE BUZZ OF THE LITTLE WORLD AMONG THE STALKS AND GROW FAMILIAR WITH THE COUNTLESS INDESCRIBABLE FORMS OF THE INSECTS AND FLIES. THEN I FEEL THE PRESENCE OF THE ALMIGHTY, WHO FORMED US IN HIS OWN IMAGE, AND THE BREATH ONE MORNING, WHEN GREGOR SAMSA WOKE FROM TROUBLED DREAMS, HE FOUND HIMSELF TRANSFORMED IN HIS BED INTO A HORRIBLE VERMIN. HE LAY ON HIS ARMOUR-LIKE BACK, AND IF HE LIFTED HIS HEAD A LITTLE HE COULD SEE HIS BROWN BELLY, SLIGHTLY DOMED AND DIVIDED BY ARCHES INTO STIFF SECTIONS. THE BEDDING WAS HARDLY ABLE TO COVER IT AND SEEMED READY TO SLIDE OFF ANY MOMENT. HIS MANY LEGS, PITIFULLY THIN COMPARED WITH THE SIZE OF THE

no.113 Art Post
作者名：Daniel Hochard

http://www.imagex-fonts.com

商用 △

AB@DEFGHIJKLMNOPQRXYZ ?!@$&*(
abcdefghijklmnopqrxyz 1234567890
※商用利用は要ライセンス購入

THE QUICK, BROWN FOX JUMPS OVER A LAZY DOG. DJS FLOCK BY WHEN MTV AX QUIZ PROG. JUNK MTV QUIZ GRACED BY FOX WHELPS. BAWDS JOG, FLICK QUARTZ, VEX NYMPHS. WALTZ, BAD NYMPH, FOR QUICK JIGS VEX! FOX NYMPHS GRAB QUICK-JIVED WALTZ. BRICK QUIZ WHANGS JUMPY VELDT FOX. BRIGHT VIXENS JUMP; DOZY FOWL QUACK. JOAQUIN PHOENIX, MIZED VEX BOLD JIM, QUICK ZEPHYRS BLOW, VEXING DAFT JIM. SEX-CHARGED FOP BLEW MY JUNK TV QUIZ. HOW QUICKLY DAFT JUMPING ZEBRAS VEX. TWO DRIVEN JOCKS HELP FAX MY BIG QUIZ. QUICK, BAZ, GET MY WOVEN FLAX JODHPURS! "NOW FAX QUIZ JACK!" MY BRAVE GHOST PLEDGED. VEX QUACKING

no.114 Besom
作者名：Krisjanis Mezulis
https://www.behance.net/gallery/22459913/Besom-FREE-Brush-font 商用｜○

ABCDEFGHIJKLMNOPQRXYZ ?!@$% &*(
1234567890

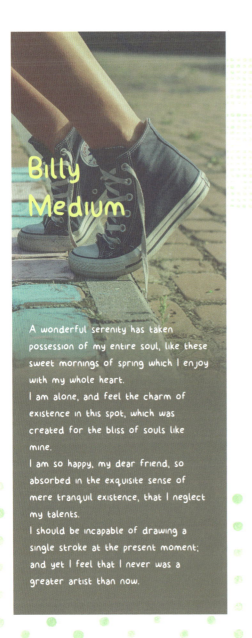

no.115 billy
作者名：Claire Joines
http://www.clairejoines.com/　商用／△
ABCDEFGHIJKLMNOPQRXYZ ?!@$/-+*(
abcdefghijklmnopqrxyz 1234567890
※商用利用は要ライセンス購入

no.116 Christmas Ligtness
作者名：Vanessa Bays
http://bythebutterfly.com　商用／△
ABCDEFGHIJKLMNOPQRXYZ ?!@$/&(
abcdefghijklmnopqrxyz 1234567890
※商用利用は要ライセンス購入

no.117 Cocogoose
作者名：Cosimo Lorenzo Pancini
http://www.zetafonts.com/ 商用 △

ABCDEFGHIJKLMNOPQRXYZ ?!$%&*(
abcdefghijklmnopqrxyz

※商用利用は有料

no.118 Comical Smash
作者名：Jonathan S. Harris
http://www.jonathanstephenharris.com/ 商用 △

ABCDEFGHIJKLMNOPQRXYZ

※商用利用は要ライセンス購入

Bulletto Straight
Bulletto Alto
Bulletto Killa
Bulletto Monolino Straight
Bulletto Monolino

no.119 Bulletto
作者名：Cosimo Lorenzo Pancini
http://www.zetafonts.com/ 商用 △

ABCDEFGHIJKLMNOPQRXYZ ?!$%&*(
abcdefghijklmnopqrxyz
※商用利用は有料

no.120 Ailerons
作者名：Adilson Gonzales de Oliveira Junior
http://www.agonz.com.br/ 商用 △
ABCDEFGHIJKLMNOPQRXYZ ?![
1234567890
※商用利用は要事前連絡

no.121 Strawberry Whipped Cream
作者名：Emily Spadoni / Sweet Type
https://creativemarket.com/SweetType 商用 △
abcdefghijklmnopqrxyz ?!@$&*
abcdefghijklmnopqrxyz 1234567890
※商用利用は要ライセンス購入

POLYGON

Those that represent an object with a combination of triangle and square.

no.122 Anders
作者名：Tom Anders Watkins
http://tomanders.com/ 商用 ○

ABCDEFGHIJKLMNOPQRXYZ

FONT USAGE EXAMPLE

no.123 Gagalin
作者名：iordanis passas
http://ip-art.info/ 商用 ○

ABCDEFGHIJKLMNOPQRXYZ ?!%&
1234567890

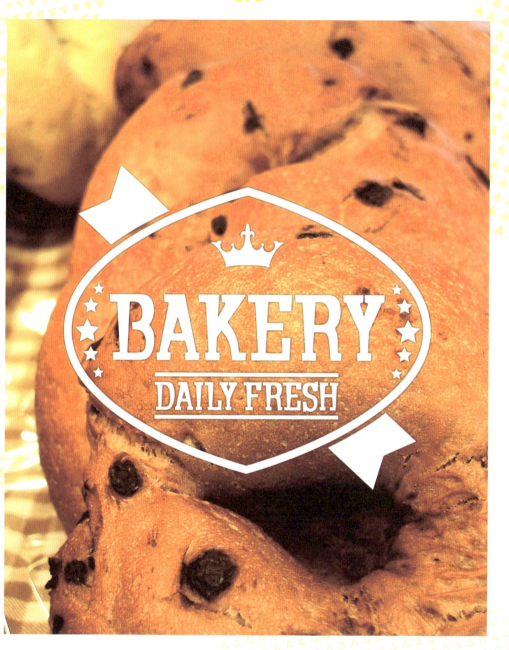

no.124 Koulouri
作者名：iordanis passas

http://ip-art.info/

ABCDEFGHIJKLMNOPQRXYZ ?!@&*
1234567890

no.125 Panic Stricken
作者名：Vanessa Bays
http://bythebutterfly.com
商用 △

ABCDEFGHIJKLMNOPQRXYZ ?!@$%¢*(
abcdefghijklmnopqrxyz 1234567890
※商用利用は要ライセンス購入

no.126 Mia
作者名：iordanis passas
http://ip-art.info/
商用 ○

ABCDEFGHIJKLMNOPQRSTUVWXYZ ?!
1234567890

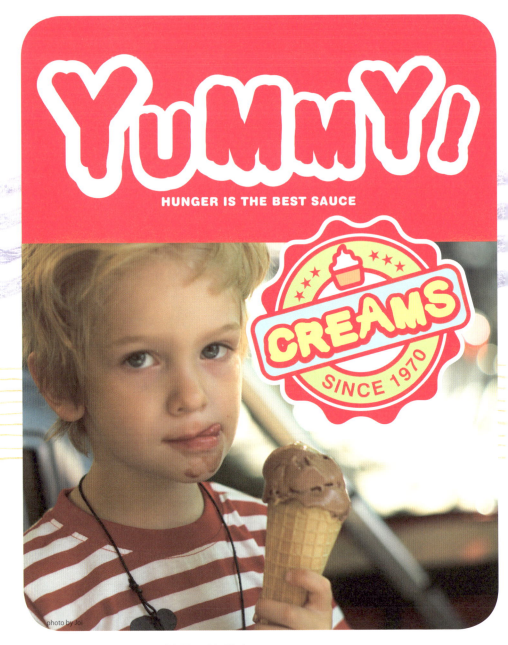

no.129 Borg
作者名：David Sum
http://www.titusprod.com/ 商用○

no.130 Slot
作者名：Adrien Coquet+Dath Hugo
http://www.adrien-coquet.com/ 商用○

※サイトへのリンク歓迎

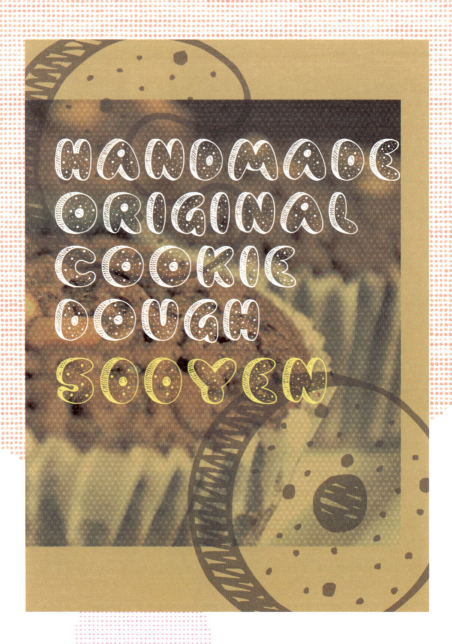

no.131 Cookie Dough
作者名：Jonathan S. Harris
http://www.jonathanstephenharris.com/ 商用 △
ABCDEFGHIJKLMNOPQRXYZ
1234567890
※商用利用は要ライセンス購入

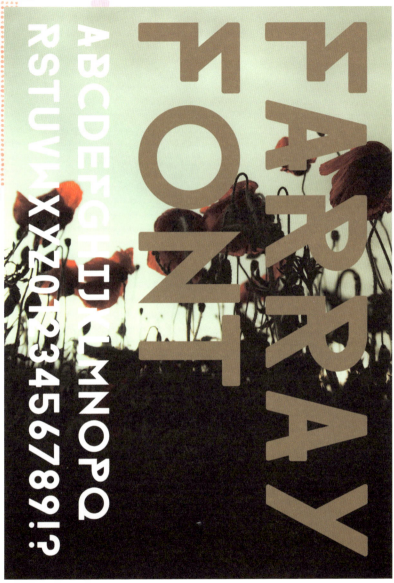

no.132 FARRAY FONT
作者名：Adrien Coquet
http://www.adrien-coquet.com/ 商用○

ABCDEFGHIJKLMNOPQRXYZ ?!@(
1234567890
※サイトへのリンク歓迎

Nickainley

is a Monoline Script font.
handwriting font with a touch of
classic and vintage.
in uppercase, lowercase characters,
numeral and punctuation.
can be used for various purposes.
such as logos, badges,
wedding invitations,
t-shirts, letterhead,
signage, labels, news,
posters, badges etc.

no.133 Nickainley Script
作者名：Seniors Studio
https://www.behance.net/seniorsstudio
商用 ○

ABCDEFGHIJKLMNOPQRSTUVWXYZ?!@$%&*(
abcdefghijklmnopqrxyz1234567890

Coffee Menu

Original Blend ..... 500yen | 100g
Special Blend ..... 650yen | 100g
Brazilian Blend ..... 550yen | 100g
Mexican Blend ..... 550yen | 100g
Columbian Blend ..... 550yen | 100g
Value Blend ..... 1,000yen | 250g

no.134 Blenda Script
作者名：Seniors Studio
https://www.behance.net/seniorsstudio 商用 ○

ABCDEFGHIJKLMNOPQRXYZ ?!@$%&*(
abcdefghijklmnopqrxyz 1234567890

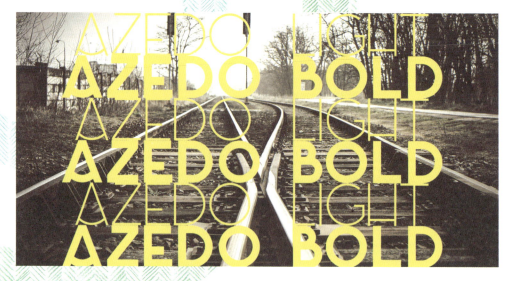

no.135 Azedo
作者名：Pedro Azedo
http://www.behance.net/pedro_azedo　商用 ○
ABCDEFGHIJKLMNOPQRSTUVWXYZ

no.136 Kanji
作者名：Pedro Azedo
http://www.behance.net/pedro_azedo　商用 ○
ABCDEFGHIJKLMNOPQRSTUVWXYZ
1234567890

no.137 High Tide
作者名：Filipe Rolim

https://www.behance.net/FilipeRolim　商用 ○

ABCDEFGHIJKLMNOPQRXYZ ?!@$&(
1234567890

no.138 Cutie Pie
作者名：Jonathan S. Harris

http://www.jonathanstephenharris.com/　商用 △

ABCDEFGHIJKLMNOPQRXYZ
abcdefghijklmnopqrxyz 1234567890

※商用利用は要ライセンス購入

no.139 Downtown
作者名：Filipe Rolim
https://www.behance.net/FilipeRolim 商用○

no.140 AQUA GROTESQUE
作者名：Laura Pol
http://www.pollaura.com/ 商用○

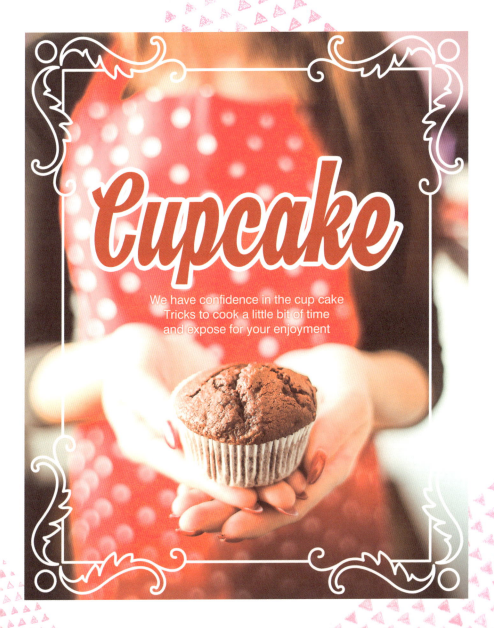

no.141 Hamster Script
作者名：Artimasa

http://www.artimasa.com/ 商用 ○

ABCDEFGHIJKLMNOPQRXY3 ?!@$%&'(
abcdefghijklmnopqrxyz 1234567890

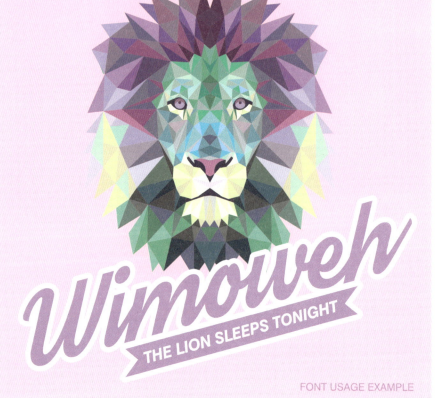

no.142 Streetwear
作者名：Artimasa
http://www.artimasa.com/ 商用○

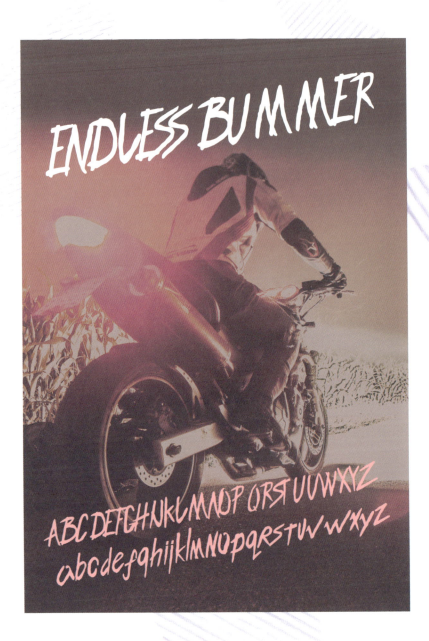

no.144 ENDLESS BUMMER
作者名：Aaron Benjamin May
http://www.aaronbmay.com/

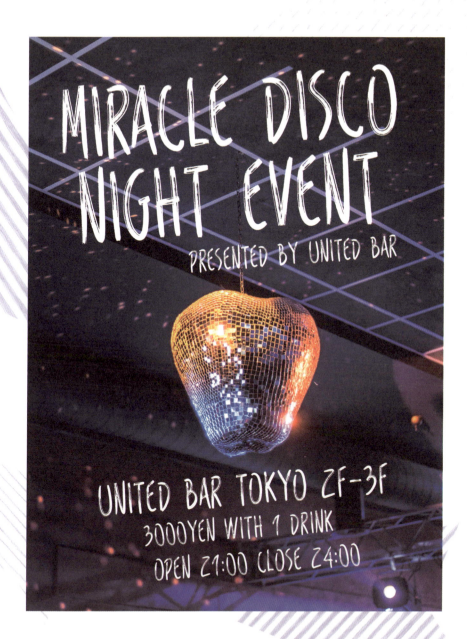

no.146 SKINNY BASTARD
作者名：Marcelo Reis Melo
http://freegoodiesfordesigners.blogspot.com/

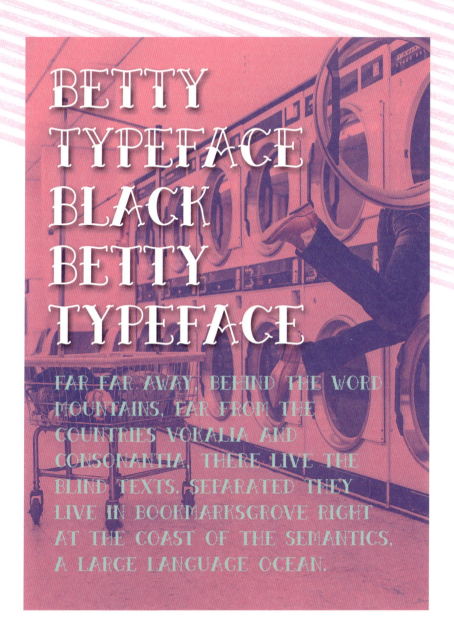

no.147 Betty typeface
作者名：Anastasia Dimitriadi
http://www.anastasiadimitriadi.com/ 商用 ◯
ABCDEFGHIJKLMNOPQRXYZ &
1234567890
※右記サイトで $1 の寄付歓迎→ https://gumroad.com/ergohiki

no.148 Sunday
作者名：Anastasia Dimitriadi

http://www.anastasiadimitriadi.com/ 商用○

ABCDEFGHIJKLMNOPQRXYZ ?!@$%&(
1234567890

※右記サイトで $1 の寄付歓迎→ https://gumroad.com/ergohiki

no.149 kaneda
作者名：Ezeqviel Ergo

https://www.behance.net/ergohiki 商用○

ABCDEFGHIJKLMNOPQRXYZ ?!$
ABCDEFGHIJKLMNOPQRXYZ 1234567890

※右記サイトで $1 の寄付歓迎→ https://gumroad.com/ergohiki

no.150 Sensei
作者名：Ezeqviel Ergo
https://www.behance.net/ergohiki 商用○

※右記サイトで $1 の寄付歓迎→ https://gumroad.com/ergohiki

no.151 Eiga
作者名：Ezeqviel Ergo
https://www.behance.net/ergohiki 商用○

※右記サイトで $1 の寄付歓迎→ https://gumroad.com/ergohiki

200

no.152 Yamcha
作者名：Ezeqviel Ergo

https://www.behance.net/ergohiki 商用 ○

ABCDEFGHIJKLMNOPQRSTUVWXYZ ?!@&(
abcdefghijklmnopqrxyz 1234567890

※右記サイトで $1 の寄付歓迎→ https://gumroad.com/ergohiki

no.153 Sahaquiel
作者名：Ezeqviel Ergo

https://www.behance.net/ergohiki 商用 △

ABCDEFGHIJKLMNOPQRXYZ ?!@&(
1234567890

※商用利用は事前要連絡

The quick, brown fox jumps over a lazy dog. DJs flock by when MTV ax quiz prog. Junk MTV quiz graced by fox whelps. Bawds jog, flick quartz, vex nymphs. Waltz, bad nymph, for quick jigs vex! Fox nymphs grab quick-jived waltz. Brick quiz whangs jumpy veldt fox. Bright vixens jump; dozy fowl quack. Quick wafting zephyrs vex bold Jim. Quick zephyrs blow, vexing daft Jim. Sex-charged fop blew my junk TV quiz. How quickly daft jumping zebras vex. Two driven jocks help fax my big quiz. Quick, Baz, get my woven flax jodhpurs! "Now fax quiz Jack!" my brave ghost pled. Five quacking

Fabfelt Script

no.154 Fabfelt Script
作者名：Despinoy Fabien
http://fabiendespinoy.fr/　　　　　　　　商用○
ABCDEFGHIJKLMNOPQRXYZ ?!@$%&*(
abcdefghijklmnopqrxyz 1234567890

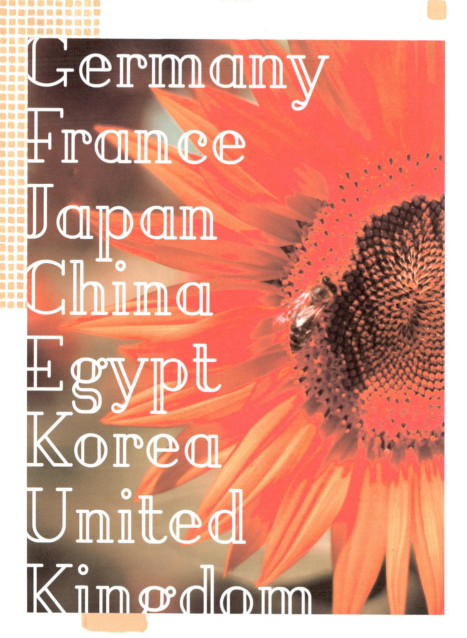

no.155 PIROU
作者名：Quentin GREBEUDE
http://quentingrebeude.com/ 商用｜○

ABCDEFGHIJKLMNOPQRXYZ ?!@$%&
abcdefghijklmnopqrxyz 1234567890

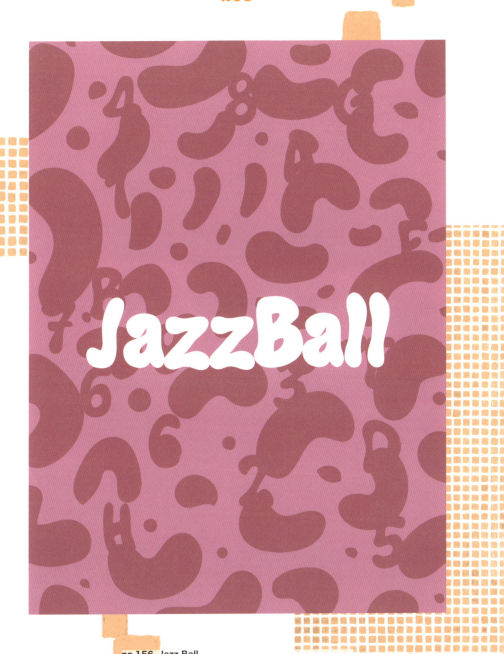

Retro Glass

no.157 Fakedes
作者名：Cyril Mikhailov
http://www.behance.net/cyril_mikhailov

ABCDEFGHIJKLMNOPQRXYZ ?!@$%&*(
abcdefghijklmnopqrxyz 1234567890

no.158 Growl
作者名：Arron Croasdell
https://www.behance.net/arroncroas 商用 ○

no.159 Your Royal Majesty
作者名：Dennis Ludlow
http://www.sharkshock.net/ 商用 △

※商用利用は要ライセンス購入

no.160 Mentawai
作者名：Yudha pratama putra
http://www.dafont.com/mentawai.font

A man falls in love through his eyes
a woman through her ears

no.161 CF Flowers of Destiny
作者名：Steve Cloutier
http://www.cloutierfontes.ca/

no.162 CF Nelson Old NewsPaper
作者名 : Steve Cloutier
http://www.cloutierfontes.ca/

no.163 CF Punk Forever
作者名 : Steve Cloutier
http://www.cloutierfontes.ca/ 商用 ○

ABCDEFGHIJKLMNOPQRSTUVWXYZ
1234567890

no.164 Strawberry
作者名：Stevo Cloutier
http://www.cloutierfontes.ca/ 商用 ○

no.165 Fette Mikado
作者名 : Peter Wiegel

http://www.dafont.com/fette-mikado.font 商用 ○

ABCDEFGHIJKLMNOPQRXYZ ?!@$%&*(
abcdefghijklmnopqrxyz 1234567890

no.166 Harry Piel
作者名 : Peter Wiegel

http://www.dafont.com/harry-piel.font 商用 ○

ABCDEFGHIJKLMNOPQRXYZ ?!$%(
1234567890

no.167 Gloria
作者名 : Peter Wiegel

http://www.dafont.com/gloria.font 商用 ○

ABCDEFGHIJKLMNOPQRXYZ ?!@$%&*(
abcdefghijklmnopqrxyz 1234567890

212

no.168 3Dumb
作者名：Michael Tension
http://www.fontsquirrel.com/fonts/3Dumb　商用 ○

※寄付歓迎

no.169 Neythal
作者名：Tharique Azeez
http://niram.org　商用 ○

no.170 You Are Precious
作者名：Jonathan S. Harris
http://www.jonathanstephenharris.com/ 商用 △

no.171 Going Rogue
作者名：Jonathan S. Harris
http://www.jonathanstephenharris.com/ 商用 △

※商用利用は要ライセンス購入

no.172 Peaches en Regalia
作者名：Woodcutter Manero
http://www.woodcutter.es/ 商用 △

ABCDEFGHIJKLMNOPQRXYZ ?!@$%&*(
abcdefghijklmnopqrxyz 1234567890

※商用利用は要事前連絡

no.173 Get Coffee
作者名：Peter Olexa
http://dealjumbo.com/ 商用 ○

ABCDEFGHIJKLMNOPQRXYZ ?!@$%&*(
abcdefghijklmnopqrxyz 1234567890

no.174 Ralphie Brown
作者名：Emily Spadoni / Sweet Type
https://creativemarket.com/SweetType　商用 ○

no.175 Pink Ladies&Peanutbutter
作者名：Emily Spadoni / Sweet Type
https://creativemarket.com/SweetType　商用 ○

INDEX

和文

英数字

017	1K れんめんちっく ・・・・・	ありうえゐ	024
054	Cherry Bomb ・・・・・・・・	あいうえお	042
071	FC-Air ・・・・・・・・・	日本の美し	053
089	FC-Earth ・・・・・・・・	あいうえお	062
020	FC-Flower ・・・・・・・・	日本の美し	025
021	FC-Grass ・・・・・・・・	日本のうつ	025
072	FC-Sun ・・・・・・・	あいうえお	053
030	FC-Water ・・・・・・・	日本のうつ	030
088	FC-Wind ・・・・・・・・・	よいうえ	062
109	g_コミックホラー ・・・・・	日本の美し	075
012	g_コミック古印体 ・・・・・	日本の美し	021
052	g_達筆（笑）・・・・・・・	あいうえお	041
014	GD-高速道路ゴシック JA-OTF ・	日本の美し	023
086	id-カナ００８ ・・・・・・	男甲内卫界	061
023	id-カナ０１０ ・・・・・・	あいうえお	026
024	id-カナ０１３ ・・・・・・	あいうえお	026
061	id-カナ０１４ ・・・・・・	あいうえお	046
062	id-カナ０２２ ・・・・・・	アイウエオ	047
070	id-カナ０２４ ・・・・・・	あいうえお	053
087	id-カナ０２７ ・・・・・・	アイウエオ	061
034	kawaii手書き文字 ・・・・・	日本の美し	031

129	Manga Font-Boom ・・・・・	あいうえお	089
128	MyComSquare ・・・・・・・	あいうえお	089
051	Nemuke フォント！ ・・・・	日本の美し	040
123	NTD トーマスかな W45 ・・・	あいうえお	086
126	NTD トーマスかな W50 ・・・	あいうえお	088
108	takumi ゆとりフォント ・・・	日本の美し	074
107	takumi 書痙フォント ・・・	日本の美し	074

あ

010	アームド・バナナ ・・・・・	日本の美し	019
035	アームド・レモン ・・・・・	日本の美し	032
074	あいでぃーぽっぷふとまる ・	日本の美し	054
009	あいでぃーぽっぷまる ・・・	日本の美し	018
057	藍原筆文字楷書 ・・・・・・	日本の美し	044
056	アオイカク ・・・・・・・	アイウエオ	043
042	青柳衡山フォントT ・・・・	日本の美し	037
045	青柳疎石フォント ・・・・・	日本の美し	038
040	青柳隷書しも ・・・・・・	日本の美し	036
069	アボカド ・・・・・・・・	あいうえお	052
032	アマナ ・・・・・・・・・	アイウエオ	030
094	飴鞭ゴシック ・・・・・・	日本の美し	065
019	あやせ ・・・・・・・・	あいうえお	025
060	いおり文字・Light ・・・・	日本の美し	046
099	いがらし ・・・・・・・	あいうえお	068

217

050	渦鉛筆 ・・・・・・・・	あいうえお 040
077	渦的土屋 b ・・・・・・・	あいうえお 056
015	渦筆 ・・・・・・・・・	日本の美し 024
033	渦ペン ・・・・・・・・	あいうえお 030
016	渦丸 ・・・・・・・・・	日本のうつ 024
055	オオザカイ ・・・・・・	アイウエオ 043

か

003	過充電 FONT ・・・・・・・	日本の美し 012
036	過充電 FONT 太字 ・・・・	日本の美し 033
026	花鳥風月 ・・・・・・・	日本の美し 028
028	かんなな ・・・・・・・	あいうえお 029
005	きずだらけのぎゃーてー ・・	日本の美し 014
004	ぎゃーてーるみねっせんす ・・・	日本の美し 013
112	クイズフォント「QUIZ SHOW」・・	北米クイズ決定 076
063	クララ ・・・・・・・	アイウエオ 047
044	衡山毛筆フォント行書 ・・・	日本の美し 038
043	衡山毛筆フォント草書 ・・	日本の美し 037
041	衡山毛筆フォント ・・・・	日本の美し 036
075	ゴウラ ・・・・・・・・	アイウエオ 055
132	コーナー　かな ・・・	あいうえお 092
007	国鉄っぽいフォント ・・・・	美しい日本 016

さ

125	サカナノユウレイ ・・・・	アキウエオ 087

093	櫻井幸一フォント ・・・・	日本の美し 064
117	櫻井幸一フォントフェルトペン ・・	日本の美し 081
090	さなフォン ・・・・・・	日本の美し 063
105	さなフォン帯 ・・・・・	日本の美し 072
119	さなフォン角 ・・・・・	日本の美し 082
106	さなフォン飾 ・・・・・	日本の美し 073
120	さなフォン型 ・・・・・	日本のうつ 083
116	さなフォン業 ・・・・・	日本の美し 080
101	さなフォン丸 ・・・・・	日本の美し 069
118	さなフォン麦 ・・・・・	日本の美し 082
100	さなフォン悠 ・・・・・	日本の美し 069
121	三丁目フォント ・・・・	日本の美し 084
114	サン理容室 ・・・・・・	アイウエオ 078
096	シミズデンキ ・・・・・	アイウエオ 066
092	じゆうちょうフォント ・・	日本の美し 063
025	春夏秋冬 ・・・・・・・	日本の美し 027
011	ジンキッドかな ・・・・・	あいうえお 020
046	ジンへなかな ・・・・・	あいうえお 039
083	ジンへな墨流 -RCF ・・・・	日本の美し 058
048	ジンペン糸 -R ・・・・・	日本の美し 039
049	ジンペン毛羽 -R ・・・・	日本の美し 039
013	ジンポイント骨 -R ・・・・	日本の美し 022
047	ジンポップカット ・・・・	あいうえお 039

067 ジンポップジェル -RKF ・・・ あいうえお 050	037 ふじや ・・・・・・・・・ あいうえお 034
082 ジン乱角 -R ・・・・・・・ 日本の美し 058	113 フジヤ ・・・・・・・・・ アイウエオ 077

ま

068 ジン乱扇 -R ・・・・・・・ 日本の美し 051	131 まーと・ふとまる・シャドウ あいうえお 091
127 清風明月 ・・・・・・・・ 日本の美し 088	078 マキナス ・・・・・・・ 日本の美し 056

た

110 ダーツフォント ・・・・・ 日本の美し 076	085 まじぱねぇ MajiPane ・・・ あいうえお 060
098 タニヘイ ・・・・・・・・ アイウエオ 068	076 マダラ ・・・・・・・・・ アイウエオ 055
111 タンポポ ・・・・・・・・ アイウエオ 076	039 マッハ・フィフティ ・・・ あいうえお 036
130 チョークでかいたようなフォント・ あいうえお 090	080 まるもゴシック ・・・・・ あいうえお 057
038 つるや ・・・・・・・・・ あいうえお 035	091 万代スポーツ ・・・・・・ アイウエオ 063
103 てあとりずむ ・・・・・・ 日本の美し 070	031 みきゆ FONT 1st ・・・・・ あいうえお 030
018 とねり ・・・・・・・・・ あいうえお 024	053 みきゆ FONT くれよん 2 ・・・ あいうえお 041

は

	022 みきゆ FONT ハニーキャンディー・・・・ あいうえお 026
084 はなぞめフォント ・・・・ 日本の美し 059	008 みきゆフォント NEW ペン字 P ・・ 日本の美し 017
064 はなはた ・・・・・・・・ あいうえお 048	073 みきゆフォント もこもり 黒β ・・ 日本の美し 054
124 ハニフォント ・・・・・・ あいうえお 087	059 みきゆフォント もこもり 白β ・・ 日本の美し 045
006 隼文字 ・・・・・・・・・ 日本の美し 015	058 みきゆフォント 毛筆体 ・・・ あいうえお 045
102 はらませにゃんこ ・・・・・ あいうえお 069	065 モトギ ・・・・・・・・・ アイウエオ 048
027 ハリガネーゼ ・・・・・・ アイウエオ 029	

や

066 ばるかな ・・・・・・・・ あいうえお 049	095 やなぎたい ・・・・・・・ あいうえお 065
079 ピグモ 00 ・・・・・・・ 日本の美し 057	002 よもぎフォント ・・・・・・ 日本の美し 011

ら

081 ピグモ 01 ・・・・・・・ 日本の美し 058	
029 ヒツジグモ ・・・・・・・ アイウエオ 029	104 らんすあたっく！ ・・・・・ あいうえお 071

122 りいてがき筆 ・・・・・・	日本の美し	085
001 りいてがき N ・・・・・・	日本の美し	010
115 りいポップ角 ・・・・・・	日本の美し	079
097 理容ヒロセ ・・・・・・	アイウエオ	067

欧文

英数字

168 3Dumb ・・・・・・	ABCDE	212
034 60s Pop ・・・・・・	ABCDE	117

A

044 A little sunshine ・・・・・	QBCDEFGHI	125
120 Ailerons ・・・・・・・	ABCDEFG	177
060 All Over Again ・・・・・	ABCDEFG	136
001 Alpaca ・・・・・・・	ABCDEFG	094
043 Always In My Heart ・・・・	ABCDEF	125
035 Amazon Palafita ・・・・	ABCDEFGH	117
104 Anagram ・・・・・・・	ABCDEFG	165
122 Anders ・・・・・・・	ABCDE	178
011 Angelic Serif ・・・・・・	abcdefgh	101
002 Angelic War ・・・・・・	abcdef	094
140 AQUA GROTESQUE ・・・・	ABCDE	190
113 Art Post ・・・・・・・	ABCDEF	172
098 ASTONISHED ・・・・・・	ABCDEFGHI	163
052 Austie Bost Cherry Cola ・・・	AbCdEfGh	130

053 Austie Bost Chunkilicious ・・	ABCDEFG	131
045 Austie Bost Envelopes ・・・	ABCDEFG	126
051 Austie Bost Happy Holly ・・	ABCDE	129
046 Austie Bost Matamata ・・・・	ABCDEF	126
049 Austie Bost Roman Holiday Sketch ・	ABCDEF	128
050 Austie Bost There For You ・・	ABCDEF	128
047 Austie Bost Versailles ・・・・	ABCDEF	127
135 Azedo ・・・・・・・	ABCDEFG	188

B

091 Bacon Kingdom ・・・・・	ABCDEFG	158
036 Bad King ・・・・・・・	ABCDEFG	118
114 Besom ・・・・・・・	ABCDEFG	173
147 Betty typeface ・・・・・	ABCDEF	197
115 billy ・・・・・・・・	ABCDEFG	174
134 Blenda Script ・・・・・・	ABCDEF	187
027 Body Piercing & Chains ・・・	ABCDEF	112
022 Boldenstein ・・・・・・	ABCDEFGHI	110
129 Borg ・・・・・・・・	ABCDEFGHI	183
103 Broken15 ・・・・・・・	ABCDEFGH	165
072 Bullet In Your Head ・・・・	ABCDEFGH	145
119 Bulletto ・・・・・・・	ABCDEF	176
071 Business As Usual ・・・・・	ABCDEFG	144

C

009	California	ABCDEFG 099
161	CF Flowers of Destiny	ABCDE 207
162	CF Nelson Old NewsPaper	ABCDEFGH 208
163	CF Punk Forever	ABCDEFG 209
007	ChaMeLEon DrEam	abcdefgh 097
116	Christmas Ligtness	ABCDEF 174
117	Cocogoose	ABCDEF 175
118	Comical Smash	ABCDEF 175
131	Cookie Dough	ABCDE 184
087	Curly Shirley	ABCDEF 155
029	Cute Cartoon	ABCDEFGHIJ 114
010	Cute Tattoo	ABCDEF 100
048	Cutie Patootie	ABCDEFGH 127
138	Cutie Pie	ABCDEFG 189

D

092	Denne Fuchoor	ABCDEF 159
089	Denne Puffy Hearts	ABCDEF 156
094	Denne schooLgirL	abcdefgh 161
020	Dirt2 Stickler	abcdefgh 108
058	DK American Grunge	ABCDEFG 135
078	DK Bergelmir	ABCDEF 148
059	DK Butterfly Ball	ABCDEFGH 136

065	DK Carte Blanche	ABCDEF 139
069	DK Cool Crayon	ABCDEF 142
062	DK Cosmo Stitch	ABCDEFGHI 138
063	DK Crayon Crumble	ABCDEFGH 138
081	DK Criss Cross	ABCDEFGH 150
070	DK Douceur	ABCDE 143
064	DK Downward Fall	ABCDEFG 138
074	DK Father Frost	ABCDEFG 146
067	DK Innuendo	ABCDEFGH 141
055	DK Jambo	ABCDEFG 132
061	DK Kundalini	ABCDEFG 137
077	DK Kwark	ABCDEFGHI 148
056	DK Lemon Yellow Sun	ABCDEFGHIJ 133
054	DK Mango Smoothie	ABCDEFGHIJKL 131
073	DK Meshuggeneh	ABCDEFG 146
079	DK Monsieur Le Chat	ABCDEF 149
076	DK Pundak	ABCDEFG 147
066	DK Shaken Not Stirred	ABCDEFGHIJKL 140
084	DK Spiderlegs	ABCDEFGHIJKLMN 153
082	DK Technojunk	ABCDEF 151
080	DK Thievery	ABCDEFGHI 149
139	Downtown	ABCDEFGHIJ 190
105	DymaxionScript	ABCDE 166

E

110 EastMarket · · · · · · · **ABCDEFG** 169

151 Eiga · · · · · · · ABCDEFGHIJKL 199

144 ENDLESS BUMMER · · · · ABC DEFGH 194

F

154 Fabfelt Script · · · · · · ABCDEFG 201

057 Face Your Fears · · · · · **ABCDEFGH** 134

157 Fakedes · · · · · · · ABCDEF 204

132 FARRAY FONT · · · · · **ABCDEF** 185

165 Fette Mikado · · · · · · **ABCDEFGHI** 211

106 FortySecondStreet · · · · **ABCDEF** 167

041 Freehand Written · · · · · ABCDEF 123

021 Full Moon On Mars · · · · **ABCDEF** 109

014 Fun in the Jungle · · · · · A B C D E F 103

G

123 Gagalin · · · · · · · **ABCDEF** 178

024 Ganix Apec · · · · · · · ABCDE 110

173 Get Coffee · · · · · · · *ABCDEF* 214

017 Ghosttown · · · · · · · **ABCDEFG** 105

016 Ghosttown BC · · · · · ABCDEF 105

167 Gloria · · · · · · · ABCDEFG 211

171 Going Rogue · · · · · · ABCDE 213

006 Good Peace · · · · · · ABCDEFG 096

100 Grandma's Garden · · · · · ABCDEF 164

158 Growl · · · · · · · · ABCDEFG 205

H

111 HamburgerHeaven · · · · **ABCDEF** 170

141 Hamster Script · · · · · · *ABCDEFG* 191

085 Hanging Letters · · · · · · **ABCDEFG** 154

143 Harlott · · · · · · · · *ABCDEF* 193

166 Harry Piel · · · · · · · ABCDEF 211

097 Hawaii Killer · · · · · · ABCDEF 163

096 Hawaii Lover · · · · · · ABCDEF 162

137 High Tide · · · · · · · ABCDEF 189

030 Hippie Movement · · · · · **ABCDEFG** 115

J

156 Jazz Ball · · · · · · · **ABCDEFGH** 203

107 JungleFever · · · · · · · **ABCDEF** 168

031 Just Skinny · · · · · · · ABCDEFGH 116

K

149 Kaneda · · · · · · · · ABCDEFG 198

136 Kanji · · · · · · · · ABCDEF 188

003 Katy Berry · · · · · · · ABCDEFG 095

032 Kids Book · · · · · · · ABCDEFG 117

090 Killed Vespertine · · · · · · · **ABCDEFG** 157

019 Kings of Pacifica · · · · · · ABCDEFG 107

124 Koulouri · · · · · · · · ·	ABCDEF **179**	155 PIROU · · · · · · · ·	ABCDEF **202**

L

013 Loyal Fame · · · · · · · · ABCDEF **102**

005 Please Show Me Love · · · · abcdefg **096**

M

Q

083 Mayonaise · · · · · · · · ABCDEFGH **152**

108 QuigleyWiggly · · · · · · · ABCDEF **168**

160 Mentawai · · · · · · · · ABCDEF **206**

R

126 Mia · · · · · · · · · · ABCDEFG **180**

174 Ralphie Brown · · · · · · · ABCDEFG **215**

101 Misproject · · · · · · · · ABCDEFGHI **165**

145 REIS · · · · · · · · · ABCDEFGHIJKL **195**

086 Miss Smarty Pants · · · · · A BCDEFG **154**

112 Right Chalk · · · · · · · **ABCDEF** **171**

093 Monovirus · · · · · · · · **ABCDEF** **160**

026 Rio Frescata · · · · · · · ABCDEFGH **111**

088 Moon Flower · · · · · · · ABCDEFGHIJK **155**

037 Riscada Doodle · · · · · · ABCDEFGH **119**

N

023 Robot!Head · · · · · · · ABCDEFGH **110**

102 Nasty · · · · · · · · · ABCDEF **165**

012 Royal Vanity · · · · · · · ABCDEF **102**

033 Needlework Perfect · · · · · **ABCDEF** **117**

068 Rumpelstiltskin · · · · · · · **ABCDEFGH** **141**

169 Neythal · · · · · · · · ABCDEFGHI **212**

S

133 Nickainley Script · · · · · ABCDEF **186**

153 Sahaquiel · · · · · · · · ABCDEFGHIJKLMNO **200**

075 Nightbird · · · · · · · · **ABCDEFG** **147**

008 Sailorette Tattoo · · · · · · ABCDEFG **098**

O

015 SC Manipulative Lovers · · ABCDEFGHI **104**

127 Outer Space · · · · · · · ABCDEFG **181**

004 SC Tina's Baby Shower · · · abcdef **095**

P

109 SeasideResort · · · · · · · ABCDEF **169**

125 Panic Stricken · · · · · · · ABCDEF **180**

150 Sensei · · · · · · · · · **ABCDEFGH** **199**

172 Peaches en Regalia · · · · · **ABCDEFG** **214**

038 Serifa Comica · · · · · · · **ABCDEF** **120**

175 Pink Ladies & Peanutbutter · ABCDEFGH **215**

028 Sketch Match · · · · · · · ABCDEFG **113**

146 SKINNY BASTARD · · · · · ABCDEFGHIJKLMNOPQ **196**

223

130 Slot · · · · · · · · · · · ABCDEFGHIJ **183**

164 Strawberry · · · · · · · · ABCDEFG **210**

095 Strawberry Fields · · · · · **ABCDEFG** **161**

121 Strawberry Whipped Cream · ABCDEFGH **177**

142 Streetwear · · · · · · · · *ABCDEF* **192**

148 Sunday · · · · · · · · · ABCDEFGHIJ **198**

T

128 The Kids Mraker · · · · · · ABCDEF **182**

042 Trace of Rough · · · · · · · **ABCDEF** **124**

U

039 Unic Calligraphy · · · · · · ABCDEFG **121**

V

099 Vanessas Valentine · · · · · ABCDE **164**

025 Vloderstone · · · · · · · · ABCDEFG **110**

W

018 WILD AFRICA · · · · · · · **ABCDE 106**

Y

152 Yamcha · · · · · · · · · · ABCDEF **200**

170 You Are Precious · · · · · · ABCDEF **213**

159 Your Royal Majesty · · · · · ABCDEFG **205**

040 Yummy Lollipop · · · · · · ABCDEFGH **122**

手書き風フリーフォント集

Hand Written Fonts Collection

2015 年 11 月 10 日	初版第 1 刷発行
2017 年 1 月 20 日	初版第 3 刷発行

著者　　　　フロッグデザイン

表紙＆本文デザイン　I&D
作例制作　　古岡ひふみ　山田 晃輔　三浦 悟

編集・制作　丸山隆章（フロッグデザイン）
　　　　　　松澤義明（フロッグデザイン）

編集　　　　平松裕子

素材協力　　shutterstock Nejron Photo

発行人　　　片柳 秀夫

編集人　　　佐藤 英一

発行　ソシム株式会社
http://www.socym.co.jp/

〒 101-0064　東京都千代田区猿楽町 1-5-15 猿楽町 SS ビル
TEL：03-5217- 2400（代表）　　　FAX：03-5217- 2420

印刷・製本　シナノ印刷株式会社

定価はカバーに表示してあります。
落丁・乱丁本は弊社編集部までお送りください。送料弊社負担にてお取り替えいたします。

ISBN978-4-8026-1022-3
Ⓒ 2015 frogdesign　Printed in Japan

●本書の一部または全部について、個人で使用するほかは、著作権上、著者およびソシム株式会社の承諾を得ずに、無
　断で複写、複製、転載、データファイル化することは禁じられています。
●本書の内容の運用によって、いかなる損害が生じても、著者およびソシム株式会社のいずれも責任を負いかねますので、
　あらかじめご了承ください。
●本書の内容に関して、ご質問やご意見などがございましたら、弊社 Web サイトの「お問い合わせ」よりご連絡ください。

　なお、お電話によるお聞い合せ、本書の内容を越えたご質問には応じられませんのでご了承ください。